Antonio Dragossido

www.dragossido.com

Misteri dei Misteri

Capitolo primo

Sull'origine di Civiltà, Dei, Angeli, Alieni ed Energie

Apri la mente!
E ricorda che:
Nulla è assolutamente impossibile,
nulla è assolutamente possibile,
ma tutto è probabile nel grande ciclo naturale!

E poi anche:
"Nulla di ciò che sembra, è;
e nulla di ciò che è, sembra!"
O per meglio dire:
"Nulla di ciò che sembra
è riscontrabile di fatto!"
E viceversa:
"Nulla di ciò che è
riesce a sembrare!"

Dubbio religioso

Dio creò l'uomo.
L'uomo diede il nome a Dio,
creando così i suoi Dei

Ma se Dio creò l'uomo
E l'uomo creò i suoi Dei
Chi ha creato per primo?

Ha creato per prima Dio l'uomo?
O ha creato per prima l'uomo Dio?

E se si fossero creati entrambi
nello stesso momento a vicenda?

Allora Chi avrebbe creato Cosa?
E Cosa avrebbe creato Chi?

O per meglio dire:
Chi avrebbe creato Chi?

Misteri dei misteri
Per quanto mi sforzi a cercare,
mille e mille risposte posso trovare.
Giuste o sbagliate,
potrann' esser giudicate.
Ma c'è una creatura,
che si nasconde!
Da millenni,
risposte attende!

Ma quegli occhi lucenti,
come le stelle del firmamento.
Ma quelle guance candide e lisce,
come la seta più pregiata.
Ma quelle labbra rosse e soffici,
come i petali delicati dei fiori.

Quale è la dote che offusca?
Quale è la giusta risposta?
Quale grande segreto si cela?
Perché non v'è ragion?
Perché non v'è logica?
Perché non v'è regola?

Ella è il più grande mistero!
Chi riesce a svelarlo,
divien pardon d'uno scibile
che non è scientifico,
non è matematico,
non è fisico,
ma è DONNA!

Civiltà prima della comparsa dell'uomo?

Chi, dove, perché, ma soprattutto, quando e come, alcuni popoli hanno costruito determinati monumenti e hanno dato origine a determinate teorie, pensieri e invenzioni, sono le domande più ardue nelle quali un ricercatore può imbattersi e sacrificare numerosi anni nel tentativo di trovarvi risposta.

Già nel 2003, assorbito dall'entusiasmo di alcune scoperte, mi sono ritrovato anche io a pormi le stesse domande e a collezionare le più brillanti conclusioni prodotte dai diversi ricercatori che, se pur ritengo giuste, non sono ancora accettate dalla scienza ufficiale.

Nel 2006 ho cominciato a scrivere questo libro con l'obbiettivo di raccogliere in esso tutte queste teorie e con questo lavoro di collezione sono giunto a postulare anche io delle teorie che hanno lasciato e che lasciano perplesso me per primo,

Stupendomi delle ipotesi alle quali sono giunto in non moltissimo tempo, forse perché totalmente assorbito e attratto dalle questioni disputate spesso da tutto il mondo scientifico e non solo, giungo ora a esporle in questo testo, nella loro completezza citando di volta in volta le basi su cui si fondano, fino a postulare delle teorie tutte personali.

Naturalmente non mi aspetto che esse vengano accettate ne tantomeno ho intenzione di screditare il lavoro fatto da altri illustri scienziati perché è proprio grazie al lavoro fatto da altri, sia esso giusto o sbagliato, che si giunge a nuove teorie. Sono invece consapevole che le mie teorie potrebbero essere oggetto di derisione o essere associate alla pura follia visionaria perché è più facile screditare le teorie con postulati prodotti dalle più autorevoli figure dei vari campi dello scibile umano, piuttosto che accettarle; infondo sostenere nuove idee significherebbe riscrivere da capo tutti i libri di quel dato settore e buttare all'aria anni di ricerca spesi proprio da queste persone.

Ed è proprio riflettendo a lungo su possibili obiezioni alle mie teorie che sono arrivato a trovare delle basi che sono delle vere e proprie fondamenta su cui ho costruito un castello di teorie che voglio pregiarmi di chiamare Teoremi, giacché tali basi si cementano solidificandosi sulle teorie di Darwin, sui Libri Sacri (Bibbia, Purana, Libro di Enoch, Libro dei morti, ecc), sulla precessione degli equinozi, sulle teorie di Russel, sui libri di Mario Pincherle, sulle teorie di Tesla e tanti altri.

Questo libro racconta l'origine di tutte le civiltà, esponendo alcune teorie innovative che spiegherebbero il come, il quando e dove sono nate tutte le civiltà, sul loro sviluppo in sapiens e sull'uso di energie che per noi sono ancora ignote.

Cominciamo subito dicendo che le prime civiltà erano già presenti sulla terra prima dell'anno trentaseimila avanti Cristo o addirittura prima dell'anno cinquantamila avanti Cristo, quando l'homo sapiens aveva fatto la sua comparsa e cominciava l'era Paleolitica superiore.

Stiamo parlando dell'epoca della pietra, in cui l'uomo non aveva mezzi sufficienti per lavorarla ne innalzarla per opere imponenti, eppure a dispetto di questo fatto innegabile secondo il quale per l'uomo era impossibile costruirle, in tutto il mondo compaiono opere megalitiche come Stonehenge in Inghilterra, Carnac in Fracia e tante altre.

A questo punto, la domanda sorge spontanea: se non è stato l'uomo a costruire opere così imponenti allora chi è stato?

In molti hanno tirato in ballo gli alieni, sostenendo che la costruzione di queste opere sia di origine extraterrestre, ma la faccenda è molto più complicata di questa.

Innanzitutto devo dire che è proprio per la grandiosità d'ingegno, testimoniata con opere concrete sin dai tempi dei tempi, che ritengo opportuno analizzare la questione sotto più punti di vista, affinché venga non solo ipotizzata,

ma magari anche presa in seria considerazione lo spostamento delle lancette dell´inizio della civiltà.
Inoltre è necessario ipotizzare che ci siano state civiltà precedenti alla comparsa delle civiltà umane, che si sono evolute e sviluppate nello stesso identico modo, ma che non hanno nulla a che fare con un fenomeno extra terrestre, anzi, esse sono più terrestri di quanto si immagini.
Per essere più preciso, posso dire che **esattamente come i mammiferi (Driopiteco) hanno avuto uno sbalzo evolutivo generando l'uomo (homo sapiens) in venticinque milioni di anni, è possibile che altre specie animali hanno avuto nel passato lo stesso sbalzo evolutivo generando dei sapiens prima della comparsa dell'uomo.**
Ciò può sembrare assurdo, ma la terra, durante il trascorrere delle varie ere, ha visto crescere, svilupparsi e trasformarsi numerose specie della flora e della fauna; alcune di esse sono scomparse e altre, come la teoria dell'evoluzione ha dimostrato, si sono evolute nel corso delle ere della terra.
Non possiamo dunque escludere a priori l'ipotesi che come in venticinque milioni di anni i mammiferi abbiano creato un sapiens, anche in sei miliardi di anni altri animali abbiano creato un loro sapiens che abbia creato una civiltà precedente a quella dell'uomo e che si sia estinta. Se poi prendiamo in considerazione che in soli tremila anni l'uomo è passato dal teorema di Pitagora, ad illudere l'energia atomica; dal carro trainato da cavalli, agli aerei supersonici; dalla costruzione di templi, alla costruzione di stazioni orbitanti intorno alla terra e così via; possiamo persino ipotizzare che una civiltà precedente a quella umana, abbia raggiunto un grado così alto di tecnologia al punto tale di arrivare a lasciare la terra appena in tempo per sfuggire a qualche cataclisma.

A questo punto bisogna solo stabilire quale o quali specie avrebbero potuto generare degli esseri evoluti quanto l'uomo o forse ancor più; a **me è parso chiaro che le specie che avrebbero potuto generare un essere evoluto sono tre: i dinosauri, i giganti e i draghi.**

So che in questo momento è partita una grassa risata leggando queste righe e che nel profondo pensi che tutto ciò sia frutto della mente di un pazzo visionario, ma se non avessi le prove a sostegno di questa ipotesi, non solo da parte di scienziati ma anche in termini di ritrovamenti, mi darei del pazzo da solo.

A questo punto hai due alternative: la prima è chiudere il libro deridendo me e tutti quelli che prima di me hanno dedicato la vita a ricercare fino a trovare dei reperti, la seconda invece è quella di continuare a leggere e vedere qiuali ricerche e quali ritrovamenti sostengono la mia teoria.

Capitolo 1 - Da Lamark a Russel: dinosauri intelligenti

Per dimopstrare una tesi è necessario far riferimento a teorie accreditate e un aiuto in tal senso può arrivare dallo studio delle teorie dell' evoluzione.

Già prima di Darwìn, diversi studiosi avevano da qualche tempo riconosciuto che gli animali e le piante potevano essere ordinati sulla base delle loro affinità e che le relazioni esistenti erano dovute al fatto che erano state tutte generate dal medesimo creatore in modo da essere perfettamente adatte all'ambiente. Nel 1809 J.B. Lamark fu il primo scienziato che sviluppò una teoria dell'evoluzione nella quale sosteneva che le affinità erano dovute a relazioni di parentela e ad una complessa trasformazione avvenuta nel tempo. Nella fattispecie la teoria di Lamark si basa su due principi: il primo chiamato "principio dell'uso o del non uso" e il secondo chiamato "principio dell'eredità dei caratteri acquisiti".

I due principi, secondo Lamark, erano strettamente connessi tra loro in modo che in un animale ancora in via di sviluppo, l'uso di un organo lo rinforza, mentre il "non uso" lo indebolisce fino a farlo scomparire; dopodiché i nuovi caratteri comparsi per l'effetto dell'uso e non uso, si trasmettono alla discendenza.

Secondo le teorie di Lamark, con il principio dell'uso, in un tempo antico imprecisato, esisteva un antenato della giraffa dal collo delle dimensioni di un cavallo che abitava in un posto in cui al suo sostentamento erbivoro, provvedeva una pianta dal basso fusto. Questa pianta per proteggersi dal continuo brucare della giraffa, è cresciuta nei secoli in altezza; di conseguenza anche la giraffa per potersi nutrire ha dovuto allungare il collo per accedere alle foglie più fresche. Le giraffe che si adattavano al cambiamento continuavano a vivere, mentre quelle che non riuscivano a nutrirsi morivano di fame e andavano incontro all'estinzione.

Invece, secondo il principio del non uso, in un tempo lontano le galline, avevano le ali per volare libere nei cieli e nutrirsi degli insetti, ma la loro pigrizia di levarsi nei cieli le ha portate a nutrirsi di grano e di lombrichi così da portare le ali ad atrofizzarsi sempre di più, fino a renderle incapaci di volare.

La filosofia ha attinto molto da questa teoria, sostenendo che se non si tengono la mente e il corpo costantemente allenati, essi si atrofizzeranno e quando ne avremo bisogno sarà troppo tardi.

Secondo la filosofia romantica invece, bisogna concedere sempre agli altri il proprio amore e di non aver paura di usare il proprio cuore, perché altrimenti ci si dimenticherà di averlo e il cuore si atrofizzerà ad un punto tale che quando troveremo la persona che sarà degna del nostro amore, non saremo capaci di donarle tutto l'amore che merita.

Sono stati fatti numerosissimi esperimenti per vedere se i cambiamenti da una generazione all'altra avvenivano come aveva ipotizzato Lamark e purtroppo si è visto che lo sviluppo muscolare di un culturista non compare ne nel figlio ne nelle generazioni successive, inoltre rimaneva inspiegabile il motivo per il quale molte specie animali si erano estinte.

In questo fermento di ipotesi, fu Georges Cuvier, fondatore dell'anatomia comparata, a dare una spiegazione all'estinzione di alcune specie con la teoria delle catastrofi, secondo la quale in vari luoghi della terra si erano verificate, nei lontani tempi passati, delle catastrofi che avevano distrutto gran parte delle forme viventi ed è molto probabile che sia lui il padre dell'ipotesi che i dinosauri si sono istinti a causa dell'impatto di un meteorite nel Golfo del Messico avvenuta milioni di anni fa.

Nella metà del diciannovesimo secolo, Alfred Russel Walace e Charles Darwin, fecero tesoro delle teorie di Lamark e

Cruvier sconvolgendo per sempre la scienza e passando alla storia come i padri della teoria dell'evoluzione.
Wallace era stato quattro anni in Amazzonia ed altri quattro in Oriente, dove aveva ripetutamente visitato le varie isole dell'arcipelago malese, e dallo studio della fauna e della distribuzione degli animali elaborò l'idea di "evoluzione delle specie per selezione naturale".
Anche Darwin compì un viaggio sul brigantino della marina britannica Beagle come naturalista di bordo e al suo ritorno tenne una fitta corrispondenza con allevatori, coltivatori, geologi e naturalisti dimostrando l'idea di Wallace con una massa notevole di prove a sostegno dell'evoluzione che per la prima volta il mondo intellettuale fu costretto a confrontarsi seriamente con essa.
Darwin sapeva che gli allevatori avevano ottenuto in poco tempo, partendo dalla specie selvatica Columbia Livia, diverse varietà di colombo: quello capitombolante, quello gozzuto, quello cappuccino, quello a coda lunga o pavoncello.
La cosa sorprendente è che la variabilità è presente fin già dalla nascita sottoforma di piccolissime modificazioni e che questa caratteristica è presente in tutti gli esseri viventi e si riscontra anche tra i nuovi nati di una stessa cucciolata o tra i semi di uno stesso albero.
Gli allevatori, per ottenere la varietà dei colombi a coda lunga, avevano scelto in ogni nidiata quei colombi che, alla nascita, avevano la coda più lunga degli altri. Dalle coppie di colombi a coda lunga nascevano altri colombi e da essi venivano selezionati quelli con la coda più lunga, e dopo diverse generazioni quel carattere diventava sempre più marcato.
Darwin chiamò la selezione fatta dagli allevatori "selezione artificiale", ma si accorse che anche senza l'intervento dell'uomo gli animali si scelgono tra loro in base a talune caratteristiche.

In natura non vi è un allevatore che sceglie alcuni caratteri e ne scarta altri, ma la selezione avviene ugualmente e Darwin chiamò questa opera selezionatrice "selezione naturale" che nella fattispecie specifica che per esempio un passero genera un passero, ma casualmente alcuni possono avere un becco più lungo e altri un becco più forte. Se il becco più forte permetterà al passero di accedere ad una maggiore quantità di cibo rispetto al passero con il becco lungo, il primo avrà maggiori probabilità di sopravvivenza, di riproduzione e di trasmettere il carattere del becco forte alla discendenza.
Alla pubblicazione del libro di Darwin seguirono numerosi dibattiti nei quali si distinse un personaggio alquanto polemico ed enigmatico il cui nome era Richard Owen.
Egli si trovò spesso in contrapposizione con le idee di Darwin, non tanto per i contenuti del trattato, ma forse più per motivi personali dovuti probabilmente ad una sorta di invidia, difendendo a spada tratta la tesi del creazionismo di Lamark sostenuta fino a quel momento. Gli si attribuisce la paternità del termine dinosauro (lucertola terribile) e si mise in contrapposizione con Thomas Henry Huxley che voleva chiamare questi rettili con il termine di ornitoscellidi per la loro parentela filogenetica con gli uccelli.
Nel 1902 fu riportato alla luce uno scheletro fossilizzato nelle paludi del Montana che venne descritto dallo scopritore con il nome inquietante di Tyrannosaurus Rex che mise da subito in evidenza la postura semi eretta di questo animale appartenente alla specie dei teropodi, dovuta agli arti anteriori molto più adatti e simili alle specie viventi che hanno uno stile di vita bipede piuttosto che quadrupede; inoltre, i ritrovamenti successivi misero in risalto questa caratteristica bipede era comune a tutta la specie dei teropodi e la somiglianza con gli uccelli era strabiliante tanto da esse definiti enormi tacchini o enormi struzzi. Tra i teropodi più famosi vi sono il Velociraptor, il Tyrannosaurus Rex, lo Spinosauro, il Ceratosauro e il

Troodon, ed essi hanno suscitato per anni la fantasia dei registi e degli scrittori che hanno creato numerosi mostri come gozilla.

Essi rappresentavano le loro creature in posizione quasi eretta, tanto da somigliare al lato oscuro degli esseri umani e ad associarlo spesso alle persone più viscide, cattive e spietate.

L'accostamento del dinosauro all'uomo trova il suo culmine con il paleontologo Dale Russel nel 1968, il quale aveva ipotizzato che, come dalle scimmie si è evoluto l'uomo, anche dai dinosauri sarebbe nato un dinosauro intelligente (saurosapiens).

La teoria del "saurosapiens" ipotizzata da Russel sembra alquanto bislacca e priva di fondamento, ma proviamo a porci una sequenza di domande che possono in qualche modo seguire passo passo il ragionamento fatto da Russel.

Quale è la differenza sostanziale tra un mammifero e un dinosauro?

Il modo in cui si riproduce: il dinosauro è oviparo, mentre il mammifero si riproduce tramite atto sessuale.

Ma se togliamo questo, quale altra differenza c'è?

Sono entrambe vertebrati, hanno le tre classi di erbivori, carnivori e onnivori e hanno entrambe la capacità di imparare; per quanto si sappia poco delle capacità intellettive di un dinosauro, sta di fatto che tutti gli animali, dal più minuscolo al più gigante, hanno bisogno di un cervello con il quale riescono ad imparare dai propri errori, sognare, ricordare, riconoscere e pensare, ma gli unici in grado di creare sono i "primati"; perché?

Cos'ha un primate ed in particolare un uomo che gli altri animali non hanno?

Si potrebbe rispondere dicendo che la sua massa celebrale è nettamente superiore a quella di qualunque essere vivente, ma si commetterebbe un grave errore visto che il delfino, la balena e persino l'elefante hanno una massa celebrale grande quasi il doppio. Allora cosa ha di più un uomo rispetto agli altri?

La possibilità di manipolare, di creare con le proprie mani.

Che particolarità ha la mano, rispetto alla zampa anteriore di un qualunque altro animale?

Il dito opponibile (il pollice), combinato con i movimenti che possiamo compiere con le braccia in quasi tutte le direzioni, ci permette di afferrare le cose e di modellare qualunque cosa a nostro piacimento.

In questo caso per dare origine ad un dinosauro intelligente come noi e quindi per dare ragione a Russel, dovremo trovare un progenitore dinosauro che abbia nelle zampe anteriori un dito opponibile e che possa muovere gli arti anteriori in tutte le direzioni.

Russel, infatti, trova il dinosauro noto come Troodon, (o Stenonychosaurus) le cui caratteristiche principali riguardano la scatola cranica, insolitamente ampia per dei dinosauri, in grado di contenere un cervello piuttosto sviluppato.

Le altre caratteristiche notevoli di questi dinosauri sono le zampe posteriori eccezionalmente lunghe, con un piccolo artiglio protrattile sul secondo dito e grandi occhi puntati in avanti, che permettevano una visione binoculare. Anche se molti paleontologi pensano che questi dinosauri fossero dei predatori, alcuni troodon possiedono denti che richiamano più una dieta insettivora, onnivora o addirittura erbivora.

Febbraio 1982 **R. Seguin,** affascinato dall'ipotesi di Russel, produce un modellino in scala sull'evoluzione dal Troodon al saurosapiens

Le scoperte intanto si susseguirono fino ad arrivare a dei ritrovamenti fatti da alcuni operai edili vicino Rostock (Germania) e analizzati dai dottori Armin Brandt e Dietmar Kosel che, in una lettera alla rivista scientifica "Archeology Report", dicono che i test effettuati con il Carbonio 14 dimostrano che le ossa e i frammenti del dinosauro non hanno meno di cinquanta milioni di anni. I rozzi martelli, lance e zappe, anch'essi trovati sul posto suggeriscono che le bestie avevano arguta intelligenza e tecnologia più avanzata delle primitive specie umane. Le intuizioni di questa scoperta sono assolutamente irresolubili, perché così come l'uomo, questi rettili ebbero lo stesso sbalzo qualitativo, costruirono utensili primitivi e li usarono. Svilupparono una struttura e una cultura sociale e vissero secondo le regole che erano necessarie per sostenerli. Ma è anche più incisivo il fatto che lo fecero milioni di anni prima che qualsiasi cosa assomigliasse ad un uomo. Sebbene gli esperti debbano ancora mettere insieme i pezzi di un intero scheletro, loro credono che i dinosauri in posizione eretta fossero alti dai quattro ai cinque metri, ed avessero braccia e gambe corte e robuste. Le mani erano larghe con quattro dita. A giudicare dai frammenti del cranio, le bestie avevano cervelli leggermente più grandi di quelli dell'uomo moderno, grandi occhi di gatto e narici all'estremità di un corto, tozzo muso. La lancia ritrovata insieme agli altri utensili, suggerisce che questi dinosauri fossero carnivori".

Ma se fosse rimasta traccia di questi esseri fino all'avvento delle popolazioni umane più antiche?

Nella cultura Sumera il Dio Enlil viene descritto come "il serpente dagli occhi splendenti" ed è rappresentato come un essere dal cranio allungato, con grandi occhi obliqui, alte acconciature, con i caratteri sessuali ben marcati nei particolari, il corpo snello, ben fatto, sempre a gambe unite e slanciate.

Anche gli Egizi rappresentano alcuni dei loro Dei nello stesso modo ed in particolare Anubi, Seth e Sobek, hanno questo aspetto dinosauresco che li contraddistingue. È comune per gli antichi egizi rappresentare i loro Dei con corpo umano e testa di animale, basta pensare che gli stessi Dei Ra e Horus hanno la testa di uccello, ma poi siamo attratti dagli Dei Anubi, Seth e Sobek.

Anubi e Seth sembrano avere la testa di sciacallo o di qualche altro tipo di cane mentre Sobek sembra avere la testa di una specie di coccodrillo, ma se invece l'associazione a questi animali fosse totalmente errata?

Mentre nelle raffigurazioni di Anubi possiamo distinguere indubbiamente la testa di un canide e in Sobek possiamo vedere la testa di una specie di coccodrillo, non possiamo dire lo stesso per Seth, la cui testa non è molto chiara e sembra rappresentare un tapiro, o comunque un animale dal muso lungo e ricurvo come la proboscide di un pachiderma.

Sobek è rappresentato attraverso un geroglifico in cui si può notare la forma di un vero e proprio coccodrillo, ma se non fosse un coccodrillo ed invece rappresentasse un dinosauro?

In ogni caso tutti e tre gli Dei di cui abbiamo parlato rispecchiano le caratteristiche dei saurosapiens: basta vedere Sobek che altro non è che un rettile in posizione eretta.

La presenza di riferimenti ad esseri con muso allungato e posizione eretta potrebbe provare che in passato ci siano

stati degli esseri con quelle caratteristiche e che siano addirittura sopravvissuti fino all'epoca degli Egizi.
E se fosse davvero così? Nel caso specifico degli Egizi, Horus lascia tutti i suoi poteri e il suo sapere al faraone. Questo vuole forse ricordare una trasmissione del sapere e della tecnologia dai saurosapiens al primo dei re di tutti i tempi?
Di sicuro bisognerebbe riscrivere tutta la storia se fosse così, ma d'altro canto si potrebbe capire come mai gli egizi fossero a conoscenza di oggetti apparentemente fuori dal tempo come le lampade di Dendera e forse anche di tecnologie molto avanzate che potevano tagliare massi così grandi come quelli delle piramidi, in maniera così precisa.
Non è difficile, infine, ipotizzare che dei superstiti di saurosapiens in fuga da un cataclisma successo da qualche parte del pianeta ed in possesso di elevate conoscenze tecniche e scientifiche, abbia potuto comandare e gestire facilmente le appena nascenti culture umane, facendo costruir loro delle opere così ingegnose e perfette.

Capitolo 2 - Dalla Bibbia al ritrovamento di Giganti

Esattamente nello stesso modo in cui i dinosauri avrebbero potuto creare un sapiens, anche i giganti avrebbero potuto fare altrettanto.

In ogni parte del globo vi sono ricordi e leggende, una di queste risale ai tempi più antichi e riguarda uomini giganteschi vissuti in un lontano passato.

Nella bibbia, quando gli ebrei giunsero nella terra promessa, trovarono a Rabbath un letto di ferro di un gigante scomparso.

> *[1]* *(deteuronomio 3/11) Perché Og, re di Basan, era rimasto l'unico superstite dei Refaim. Ecco, il suo letto, un letto di ferro, non è forse a Rabba degli Ammoniti? È lungo nove cubiti secondo il cubito di un uomo.*

Ma anche nei numeri si trova un altro riferimento ai giganti.

> *(Numeri 13/30-33) Caleb calmò il popolo che mormorava contro Mosè e disse: «Andiamo presto e conquistiamo il paese, perché certo possiamo riuscirvi». Ma gli uomini che vi erano andati con lui dissero: «Noi non saremo capaci di andare contro questo popolo, perché è più forte di noi». Screditarono presso gli Israeliti il paese che avevano esplorato, dicendo: «Il paese che abbiamo attraversato per esplorarlo è un paese che divora i suoi abitanti; tutta la gente che vi abbiamo notata è gente di alta statura; vi abbiamo visto i giganti, figli di Anak, della razza dei giganti, di fronte ai quali ci sembrava di essere come locuste e così dovevamo sembrare a loro».*

---

[1] Tutti i riferimenti della bibbia sono tratti da: La Bibbia Di Gerusalemme / Edizioni Devoniane Bologna / ISBN: 88-10-80526-7 / In prestito dal Parroco Daniele Pollio in forza presso la Parrocchia di S. Costanzo a Marina Grande (Capri – Na)

Le citazioni nella bibbia sono molte ed è inutile alla narrazione del libro elencarle tutte, eppure ne troviamo tracce in molti versetti e spesso senza alcun senso particolare, come inseriti a caso. Genesi; Numeri; Deuteronomio; Giosué; Samuele; Cronache; Giacobbe; Apocalisse; fino a giungere al famoso scontro tra Davide e Golia.

(Libro I Di Samuele 17, 4-7) Dall'accampamento dei Filistei uscì un campione, chiamato Golia, di Gat; era alto sei cubiti e un palmo. Aveva in testa un elmo di bronzo ed era rivestito di una corazza a piastre, il cui peso era di cinquemila sicli di bonzo. Portava alle gambe schinieri di bronzo e un giavellotto di bronzo tra le spalle. L'asta della sua lancia era come un subbio di tessitori e la lama dell'asta pesava seicento sicli di ferro.

Vi sono diversi tipi di siclo e il suo peso varia dai 10 ai 13 grammi, se prendiamo l'equivalente più basso (cioè 10 grammi), avremo che l'armatura pesava cinquanta chili e che solo la punta della lancia pesava sei chili.
Nei miti viene narrato anche che la razza dei giganti e quella degli uomini si sono unite dando origine ad una razza di semi-giganti, forse anche all'origine delle leggende su semidei come Eracle (Ercole).
Gli stessi dei di Asgard probabilmente erano figli di giganti e di uomini e la loro ribellione ai sovrani giganti portò alla nascita delle antiche leggende.
C'è anche un passo della bibbia in cui non solo si testimonia esplicitamente l'esistenza dei giganti, ma si fa riferimento ad essi come una vera e propria razza, visti da tutti come figli di Dio ed appartenenti ad un popolo molto antico.

Si fa anche l'ipotesi che gli uomini potenti e celebri della antichità erano nati dall'unione dei giganti con le figlie dell'uomo.

> *(Genesi 6/1-4) Quando gli uomini cominciarono a moltiplicarsi sulla terra e nacquero loro figlie, i figli di Dio videro che le figlie degli uomini erano belle e ne presero per mogli quante ne vollero. Allora il Signore disse: «Il mio spirito non resterà sempre nell'uomo, perché egli è carne e la sua vita sarà di centoventi anni». C'erano sulla terra i giganti a quei tempi - e anche dopo - quando i figli di Dio si univano alle figlie degli uomini e queste partorivano loro dei figli: sono questi gli eroi dell'antichità, uomini famosi.*

Nel 1577 in Svizzera a Willisau, Lucerna, venne alla luce uno scheletro dalle ossa enormi. La commissione di esperti capeggiata dal famoso anatomista elvetico Felix Plater, di Basilea studiò il caso rimanendo perplessa e lo stesso Plater dichiarò che si trattava senza ombra di dubbio di resti umani, nonostante le dimensioni fossero ciclopiche. Ricostruito sulla creta "il gigante di Lucerna" e le sue ossa furono esposte nel municipio. Il conquistadores Hernan Cortes, l'uomo che sottomise il Messico, spedì al re di Spagna, insieme a favolosi tesori, un femore alto quanto un essere umano.

Nelle cronache di un altro conquistador, Fernando de Alba, invece, si narra testualmente che "in Messico i resti dei giganti potevano essere trovati ovunque". Nel 1810 in California fu trovato uno scheletro gigantesco con sei dita ed un cranio enorme.

Di giganti parlano pure alcune leggende dei popoli che vivono attorno al Lago Titicaca: in esse si parla di come tribù di giganti fossero migrate a sud e di come i loro discendenti avessero popolato la Patagonia, dove Magellano li incontrò.

Erano uomini così alti che le teste dei membri dell'equipaggio arrivavano a malapena al loro bacino.
Nel 1925 a Glozel (vicino a Vichy - Allier, Francia) Emile Frendin trovò "Il campo dei morti": Circa 3000 oggetti di ogni tipo, gioielli, vasellame, utensili, e manufatti in osso e legno risalenti al 15-17.000 a.C.
Le ceramiche mostrano un senso artistico molto raffinato e accanto a tutti questi reperti vennero ritrovate ossa di esseri altri circa cinque metri.
Nel 1663 nella cittadina di Tiriolo (Catanzaro) nel corso di alcuni scavi venne riportata alla luce una tomba di dimensioni gigantesche. Anche se molte fonti dichiarano che all'interno della tomba fu ritrovato uno scheletro di notevoli dimensioni, non vi è traccia di tale ritrovamento e la scienza ufficiale non volle approfondire l'argomento spingendo anche la scoperta della tomba nel più assoluto silenzio, ma per fortuna tracce dell'antichissima civiltà dei giganti emergono in ogni parte del globo.
A Gargayan, nelle Filippine, è stato portato alla luce uno scheletro di 5,18 metri, a Ceylon, alcuni scheletri di 4 metri, mentre in Pakistan lo scheletro era alto 3,5 metri, a Mt. Blanco Fossil Museum è conservato un omero di notevoli dimensioni e in altre parti del mondo sono stati ritrovati crani e ossa di notevole dimensioni che non sono assolutamente imputabili a nessuno degli avi della nostra evoluzione.
Esiste anche l'ipotesi che alcune razze di giganti sono presenti ancora oggi, avallata da numerosissime testimonianze di avvistamenti, in zone impervie ed inesplorate del globo, di ominidi di grossa stazza, ricoperti di peli, in posizione eretta e dall'aspetto di un essere rimasto a metà dell'evoluzione tra un gigantosapiens[2] e la scimmia-gigante; come se esse fossero quella specie che per noi esseri umani è rappresentata dall'Australopiteco, conosciuti come yeti e bigfoot. A sostegno di tali

---

2 Che sarebbe equivalente all'homosapiens per noi esseri umani.

avvistamenti, esistono una buona quantità di foto, filmati e calchi delle impronte lasciate da questi esseri. È noto che come nelle mani anche nei piedi sono riscontrabili sia le ferite, sia le piegature, sia le impronte digitali; ed è sorprendente notare che nei calchi ci siano tutti e tre questi particolari.

Molto spesso questi calchi si rivelano dei veri e propri artefatti poiché le orme dei bigfoot sono facilmente riproducibili e quindi, seppure la scienza ufficiale dice che potrebbero esistere sia i bigfoot che gli yeti, essa ne accetterà l'esistenza solo quando uno di questi verrà catturato, studiato e poi (spero) rilasciato.

La cosa sorprendente è che comunque essi testimoniano che esita la possibilità di esseri Gigantosapiens, dimostrando la mia teoria.

Capitolo 3 - Draghi estinti?

Ebbene si, perché no? La scienza ha scoperto solo di recente che i polipi giganti ipotizzati dal grande scrittore Giulio Verne esistono davvero e si sono scoperte delle creature sul fondo marino davvero terrificanti, allora perché escludere che i draghi possono essere davvero esistiti?

Cosa è un drago?

Appena nomino questo animale, vero o falso che sia, l'immagine è una sola comune; lo vogliamo descrivere?

Bene, partiamo dalla testa.

Naso simile a quello di un cane lupo; occhi di gatto per vedere sia di giorno che di notte; palpebre che a differenza di tutti gli altri animali invece di chiudersi in orizzontale si chiudono in verticale; muso allungato; dentatura di un coccodrillo, lingua biforcuta come quella di un serpente; collo lungo come quello di una giraffa corpo enorme di un dinosauro; zampe con unghie nere e affilate come quelle dell'aquila; zampe anteriori distanti a causa dell'enorme torace che contiene ben tre coppie di polmoni: due per respirare, due per sputare il fuoco e due per sputare il ghiaccio; zampe posteriori possenti; coda lunga con punta a forma di lancia o di ascia; una serie di aculei dalla testa alla coda come lo stegosauro e un paio di ali sottili come quelle di un pipistrello.([3])

Bene, ora resta solo da stabilire: ma questo animale è vero o falso? Cioè, è veramente esistito o è solo frutto della fantasia?

Bella domanda!

La storia del drago parte da lontano ed esso è l'animale fantastico più raffigurato. Non esiste regione del pianeta che non conosca leggende legate alla figura del drago.

Il drago è presente già nel "Poema della creazione" secondo il quale esisteva una forza caotica rappresentata da mostri e demoni comandati dalla dea malvagia Tiamat

---

[3] In realtà questa descrizione è errata, come vedremo in seguito.

nelle sembianze di una creatura con testa di serpente, corpo ricoperto di scaglie e una criniera sul collo. Questa creatura aveva sconfitto quasi tutti gli dei finché Marduk la affronta e, dopo una lunga battaglia, uccide Tiamat.

In una delle rappresentazioni dell'episodio, si nota il dio Marduk che uccide un drago, poi lo divide a metà e con i due pezzi crea il cielo e la terra. Questa storia è spesso rappresentata nella civiltà babilonese dall'immagine di Marduk che uccide un drago poi lo divide a metà e con i due pezzi crea il cielo e la terra.

Anche per gli Assiri la storia è identica solo che al posto di Marduk c'è Aššur.

Nell'antica Grecia fu il drago Tifone a cacciare gli Dei dall'Olimpo, un altro drago, Pitone, fu ucciso da Apollo e un drago con ben tre teste morì ucciso da Ercole. Plinio nella sua Storia Naturale, dice che i Draghi infestavano l'Africa.

In Occidente il famoso Leviatano, descritto nella Bibbia, era un drago marino con i tratti di un serpente e rappresentava sia l'Oceano che circondava le terre emerse sia il male, cioè Satana.

Nella mitologia persiana era un drago enorme, che viveva incatenato, a provocare terremoti: ogni suo tentativo di liberarsi era una scossa devastante.

Nel medioevo si credeva che esistessero veramente e che si sarebbe diffuso in Europa dal vicino Oriente. Nei bestiari medievali il drago è il simbolo del male e nelle sue fauci in fiamme si trovavano i dannati.

In Italia si comincia a sentire parlare di testimonianze legate a Draghi nel 1572 da un medico e naturalista bolognese, Ulisse Aldovrandi che descrive la cattura di un draghetto nei dintorni di Bologna. Era un drago senza ali con sole due zampe e lungo appena un metro. Lo stesso Aldovrandi racconta di altri due draghi catturati uno in Svizzera nei 1499 è un altro alato in Francia portato come dono al re Francesco I, esistono inoltre altre centinaia di testimonianze di avvistamento di draghi. È stato un esperto del '600 di nome Samuel Bochart a dire che i draghi potevano essere grandi fino a 30 metri con tre ordini di denti e sibilo. Il naturalista svizzero Konrad Gesner nel 1551 affermava categoricamente che "tutti draghi hanno zampe" ammettendone implicitamente l'esistenza. Si affermava anche che a differenza degli altri rettili il drago è un animale a sangue caldo questo spiegherebbe la sua capacità di adattarsi ai climi più diversi e di mantenersi in attività sia di giorno che di notte in ogni periodo dell'anno. Nel 1449 l'intera città di Canterbury fu testimone di un epico scontro tra un drago rosso ed uno nero. Anche nella storia del potente mago Merlino troviamo il mago affrontare un drago in giovane età.

Notiamo comunque delle differenze tra le varie culture: I draghi della mitologia mesopotamica sono un miscuglio tra i draghi cinesi e quelli europei che sono diversi per colore, carattere, forma e rappresentazione.

Le gradazioni di colore del drago europeo vanno dal verde foglia fino al nero e più il drago è scuro, più il drago è cattivo, ne deriva che un drago nero è il più cattivo e il più astuto drago da affrontare; la cattiveria è infatti uno dei caratteri predominanti del drago europeo poiché esso è sempre un essere malefico che minaccia la quiete dei cittadini nutrendosi di pecore o dando fuoco alle coltivazioni dei contadini; per cui tutti i cavalieri che affrontano un drago sconfiggendolo, diventano leggendari e qualcuno addirittura viene santificato.

I draghi orientali sono invece più variopinti con colori che vanno dal rosso all'arancio, dal viola al blu e chi più ne ha più ne metta. Sono divisi in draghi buoni e draghi cattivi; in coerenza proprio con la linea di pensiero dello Jin e Jang (che spiegherò più avanti) ci sono draghi che minacciano i cinesi e altri draghi che sono pronti a difenderli. Morfologicamente i draghi giapponesi al posto di un corpo di dinosauro hanno un corpo di serpente e sul muso presentano dei baffi. Dopo una estenuante lotta tra i draghi buoni e quelli cattivi il drago vittorioso si adorna di un cappellino tipico giapponese mentre "degusta" l'oppio.

Fino al medioevo, quindi, c'è una quantità abnorme di avvistamenti e di scritti scientifici e prosastici, si può quindi essere indotti a pensare che questi animali siano stati completamente estinti da cavalieri e cacciatori di draghi di quel periodo, ma è uso comune ritenere questo animale come il frutto della fantasia.

Ma se veramente il drago è solo un animale frutto della fantasia, allora tutte le storie che parlano di cavalieri e addirittura di Santi che li hanno sconfitti sono fasulle?

La chiesa cristiana, tanto per cambiare, è stata abbastanza contorta nei secoli poiché ha più volte affermato che i draghi sono esseri che non esistono poiché sono solo la rappresentazione del diavolo e che quindi chi ha visto i Santi abbattere i draghi non ha visto altro che abbattere il diavolo in una delle sue manifestazione più terribili.

Per poter affermare che una cosa ha una data forma, devi per forza di cose conoscere quella forma e cioè, per dire ad esempio che una roccia ha la forma di un elefante, devi pur sapere che caratteristiche ha un elefante per poter associarla ad esso, giusto?

La stessa regola vale anche per il diavolo che si manifesta sottoforma di drago e poi se si cerca in tutti i modi di sostenere che il diavolo ha preso la forma di un qualche cosa che non esiste e quindi inesistente, come può una persona, se pur si tratta di un Santo, affrontare e sconfiggere una cosa di inesistente? Significherebbe affermare che Egli ha lottato contro l'inesistente, contro il nulla, contro l'aria, e ciò non è possibile, da dove vengono fuori dunque le storie che parlano di Draghi e come è possibile che alcuni cavalieri siano stati fatti Santi per averli uccisi?

Per rispondere a questa domanda bisogna avallare una teoria che io mi pregio di chiamare "teoria degli spara balle".

La teoria degli spara balle si basa sul trasformare un fatto <u>apparentemente</u> reale in un fatto che è <u>completamente</u> reale e i soggetti di tale teoria possono essere attivi e passivi.

Facciamo subito un esempio: io vado a caccia armato di arco e frecce con un mio amico e ci dividiamo per cacciare meglio. Durante il cammino trovo un cervo colpito da una freccia e subito dopo arriva il mio amico. Ora; se sono uno spara balle attivo, dirò al mio amico di averlo colpito io, mentre se sono uno spara balle passivo, il mio amico crederà automaticamente che a colpire il cervo sono stato io e nulla potrà fargli cambiare idea.

È ben noto che il ghiaccio conserva in ottimo stato anche i reperti risalenti a diversi milioni di anni e che la mentalità retrograda del medioevo o delle epoche antiche, nel caso di un ritrovamento di un drago ben conservato, avrebbe fatto pensare ad un essere rimasto congelato solo nel più recente inverno.

Premesso questo ammettiamo che tu sei un grande guerriero che in battaglia ha affrontato e vinto numerosissimi nemici; che la tua forza è ritenuta tale da sconfiggere anche una terribile minaccia come il drago e che recandoti in montagna trovi un reperto di drago che si sta scongelando al sole; cosa succederebbe? Quanto forte sarebbe la voglia di dire agli altri che ad ucciderlo sei stato tu?

Dai, infondo non c'è nulla di male visto che tutti ti crederebbero, senza contare che riceveresti ottimi consensi e corteggiamenti sia dal mondo politico, sia dal mondo femminile.

È nella indole stessa dell'uomo fare lo spaccone e dire agli altri: *"Hei, sono stato io!"*, ma d'altra parte esistono delle rare persone che non approfittano delle circostanze, ma che le stesse circostanze fanno di loro degli eroi; ed è il caso in cui gli altri giungono alla conclusione del *"Deve essere stato per forza lui e non può essere altrimenti"*.

Non servirà a nulla dire che il drago era gia morto quando sei arrivato lì perché tutti penseranno che sei stato tu, poiché sei l'unico che può averlo fatto visto che loro hanno di te ormai l'immagine del supereroe.

Ecco quindi come si possono spiegare le assurde storie che vedono i cavalieri medievali affrontare e vincere i draghi dopo lunghe ed estenuanti battaglie: un drago imprigionato nei ghiacci da tempo immemorabile, si è appena scongelato, il cavaliere appena arrivato sul posto ha sfoderato la sua spada per difendersi, pensando che il drago lo avrebbe attaccato, ma il drago non si muove.

All'improvviso giunge un curioso e vede il cavaliere con la spada sfoderata rivolto verso il drago morto e quindi automaticamente pensa che sia stato il cavaliere ad ucciderlo.

Qualcuno ha visto da qualche parte dunque questi esseri ma essi credo fermamente si siano estinti nello stesso perioodo dei dinosauri, ma allora dove hanno visto i popoli mesopotamici la figura di un drago?

Accettare l'esistenza di uno o più draghi, significa riscrivere tutti i libri di zoologia: poiché il drago non può essere associato a nessuna delle famiglie esistenti sui libri di zoologia, bisognerebbe creare attraverso delle ricerche specifiche, una "famiglia" sotto la quale includere le varie specie di draghi.

Per chi non è esperto di zoologia, con il termine famiglia si indica una o più specie animali con caratteristiche comuni; ad esempio gli scimpanzé e i gorilla fanno parte della famiglia dei pongidi.

Innanzitutto cerchiamo di capire qualche cosa di più del drago: cioè può davvero essere esistito un mostro del genere?

Potrebbe tranquillamente essere perché dobbiamo ricordarci che nei fondali marini esistono animali molto molto più spaventosi, capaci addirittura di produrre luce.

Quando Jules Verne scrisse "ventimila Leghe sotto i mari" e descrisse l'attacco al sottomarino Nauntilus da parte di una piovra gigante, lo presero tutti per matto alcuni dissero che andare sott'acqua era impossibile e altri dissero che oltre le specie conposiute all'epoca sui fondali era impossibile la vita.

Spero che non userai nei miei riguardi la stessa generosità e cortesia per aver detto che i draghi sarebbero potuti esistere.

Ma rivediamo un attimo la descrizione del drago che abbiamo fatto in precedenza.

Naso simile a quello di un cane lupo; occhi di gatto per vedere sia di giorno che di notte; palpebre che a differenza di tutti gli altri animali invece di chiudersi in orizzontale si chiudono in verticale; muso allungato; dentatura di un coccodrillo, lingua biforcuta come quella di un serpente; collo lungo come quello di una giraffa corpo enorme di un dinosauro; zampe con unghie nere e affilate come quelle dell'aquila; zampe anteriori distanti a causa dell'enorme torace che contiene ben tre coppie di polmoni: due per respirare, due per sputare il fuoco e due per sputare il ghiaccio; zampe posteriori possenti; coda lunga con punta a forma di lancia o di ascia; una serie di aculei dalla testa alla coda come lo stegosauro e un paio di ali sottili come quelle di un pipistrello.

In realtà la descrizione non è completamente esatta, in quanto prevedere tre paia di polmoni per un drago è sicuramente fuori da tutti gli schemi conosciuti, quindi un torace ampio può essere giustificato solo da una più ampia estensione dei polmoni e da un altro organo importante anch'esso.

A cosa serviva questo accoppiamento? Procediamo con ordine.

Come abbiamo visto, tutti i draghi avevano un paio di ali sottili come quelle di un pipistrello ma troppo piccole per far loro spiccare il volo e sostenere un peso così abbondante. Scientificamente parlando, quindi, l'unico sistema che avrebbe avuto il drago per alzarsi dal suolo è il cosiddetto "effetto mongolfiera".

Cos'è l'effetto mongolfiera?

È ben noto che i pesci sono provvisti della vescica natatoria che ha la funzione idrostatica di spostare il pesce in verticale mediante la regolazione gassosa; ciò significa che per salire rapidamente dal fondo del mare, il pesce riempie la vescica natatoria d'aria e viceversa, per scendere, la vescica natatoria viene svuotata completamente.

Una vescica non è altro che una sacca che contiene liquido o gas e quindi un effetto molto simile si può ipotizzare sulla terra ferma: cioè se riempiamo una sacca di un gas leggero come l'elio o l'idrogeno questa sacca comincerà a liberarsi nell'aria proporzionalmente più velocemente, quanto più piena sarà di gas e, più in particolare, più la sacca sarà piena di gas, più velocemente salirà la sacca stessa.

Questo è l'effetto mongolfiera e non è difficile ipotizzare che, come i pesci, anche il drago era provvisto di una vescica capace di incamerare gas facendolo innalzare dal suolo e lasciando alle ali l'unico scopo di direzionare il volo stesso.

Passiamo alla fase due, cioè come faceva il drago a sputare fuoco e ghiaccio?

La sacca "mongolfiera" di cui abbiamo parlato, doveva essere in comunicazione con le vie respiratorie tramite un condotto che sbucava nella cavità orale riempiendo quest'ultima di gas. Una volta riempita la bocca (cavità orale) di gas, il drago si comportava esattamente come uno sputafuoco; cioè mentre uno sputafuoco riempie la bocca di liquido infiammabile per sputarlo su di una torcia e creare così una fiamma enorme, il drago riempie la sua bocca di gas, poi sfrega i suoi denti per creare una sorta di scintilla ed espirando, con i suoi potenti polmoni, crea una fiamma lunga anche diversi metri.

È certo che dei denti normali non creano delle scintille ed è quindi possibile immaginare che alla fine della dentatura, il drago aveva due o più denti fatti di materiale simile alla pietra focaia che, sfregati tra loro, potevano creare una scintilla.

E per sputare il ghiaccio?

Bene, il ghiaccio da cosa è formato? Acqua che diventa fredda.

L'acqua di cosa è composta? Due atomi di idrogeno e uno di ossigeno.

Per poter sputare ghiaccio il drago doveva quindi avere la possibilità di portare l'acqua nella bocca e sputarla con i polmoni in maniera molto impetuosa e fredda.

Questo fa pensare non solo che il drago aveva dei polmoni molto ben sviluppati che giustificano l'enorme torace, ma anche che esso fosse dotato di un organo "mongolfiera" molto sviluppato dal quale si avviluppava un dotto che portava l'acqua o l'idrogeno nella bocca del Drago quando era necessario.

In pratica questa sacca era sempre piena di acqua, per cui per volare al drago bastava assorbire l'ossigeno nell'organismo e viceversa per tornare al suolo il drago non doveva far altro che riempire la sacca di ossigeno. Ne risulta quindi che la sacca del drago sul suolo era piena d'acqua e in aria era piena di idrogeno; quindi il drago può sputare il fuoco solo quando è in volo e può sputare ghiaccio solo quando è sul suolo, in modo da essere pericoloso sia in aria che sulla terra.

Ma a che serve un "armamento" così sofisticato?

Un armamento così sofisticato può essere usato solo come meccanismo di difesa e/o di attacco contro qualche cosa di altrettanto terribile e mastodontico e l'unico essere mastodontico e terribile della storia che noi conosciamo è il tirannosaurus rex.

Che ne dici allora di ritornare indietro nel tempo?

Bene, allora tieniti forte perché stiamo per tornare indietro nel tempo di ben cento milioni di anni e con molti scossoni e sussulti la nostra macchina del tempo è atterrata tra i boschi preistorici.

Sarebbe una bella storia, ma questo è solo un sistema per calarci completamente nella storia e tornare indietro nel tempo sul serio.

Per quanto riguarda la storia dei dinosauri, crediamo di sapere tanto, ma in realtà sappiamo veramente poco, perché le datazioni delle ossa e di tutti i reperti archeologici è stata da sempre fatta con il carbonio 14.

Il carbonio 14 ha un margine di errore del cinque per cento e sale vertiginosamente quando la datazione di un reperto supera i cinquantamila anni e quando ci sono ingenti diluzioni nell'atmosfera di carbonio come è avvenuto recentemente a seguito del consumo di grandi quantità di combustibili fossili.

Alla luce di queste affermazioni, possiamo dedurre che la maggioranza delle date imputate ai reperti dei dinosauri è errata e di conseguenza è logico pensare che molti dei dinosauri siano vissuti contemporaneamente e che le varie ere ipotizzate dai paleontologi siano solo delle semplici ipotesi ancora non provate.

L'unica teoria che rimane in piedi è quella dell'evoluzione ipotizzata da Darwin di cui gia abbiamo parlato e possiamo ipotizzare che il drago fosse un erbivoro[4] evolutosi nella difesa dagli attacchi dei terribili predatori di quel periodo.

In questo scenario, infatti, abbiamo tre grandi predatori: I tirannosauri, gli allosauri e i raptor ai quali gran parte dei dinosauri erbivori risultavano completamente indifesi e vulnerabili.

Giriamo in lungo e in largo alla ricerca di uova di drago e dopo un lungo cammino attraverso la vegetazione giungiamo presso un dirupo dal quale sgorga una lucente

---

[4] Per questa affermazione credo di perdere milioni di punti, ma dimostrerò che ho ragione.

cascata e di lì a pochi metri vediamo una mamma drago che si appresta a levarsi nei cieli.

Ci avviciniamo pian piano al posto dal quale abbiamo notato, con dei sentimenti che ci hanno arrecato una grande energia, la mamma drago levarsi in volo ed è proprio in quel punto che vediamo il sole rifrangere a chiazze sulle uova.

Poggiamo le nostre mani su quelle uova e la nostra commozione raggiunge livelli sempre più alti, tanto che una lacrima si affaccia a fatica sulle nostre guance mentre un nodo alla gola impedisce ogni nostra parola, sentendo le uova calde, ma poi l'emozione è doppia quando vediamo le uova muoversi e poi spaccarsi per fare uscire la testolina dei cuccioli di drago.

Poi all'improvviso quel piccolo squarcio di favola si frantuma in mille pezzi quando sentiamo rimbombare dei passi sempre più vicini e, dalla potenza, capiamo che si sta avvicinando al nido un dinosauro molto grosso.

I passi si fanno sempre più vicini, forti e fanno tremare letteralmente la terra sotto di noi; poi si fermano di colpo e sentiamo dei grossi respiri tra la vegetazione più alta che protegge questa piccola lucciola in mezzo all'oscurità di questa epoca così austera.

L'enorme muso di un tirannosaurus rex si affaccia tra le fronde e le due enormi narici continuano a cercare gli odori sparsi in questo squarcio di paradiso, finché l'enorme predatore scopre le uova ma sembra indeciso sul da farsi.

Si avvicina pian piano alle uova e si guarda preoccupato intorno mentre emette dei leggerissimi suoni che hanno un tono alquanto flebile e preoccupato, rispetto ai soliti suoni assordanti che è capace di emettere questo enorme predatore.

Vediamo che il sole si oscura, ma poi alziamo gli occhi al cielo e riconosciamo la sagoma di una mamma drago con le ali spiegate che, avendo notato il tirannosauro minaccioso per le sue uova, si precipita con grazia verso il basso sputando dalla bocca una palla di fuoco grossa all'incirca quanto un televisore da venticinque pollici.

Non sembra una quantità minacciosa, poiché viste le grosse dimensioni del t rex è come se noi avessimo avuto un morso di un insetto; ma forse la mamma drago cerca di colpire il tirannosauro senza mettere troppo in pericolo i suoi cuccioli.

Il tirannosauro, infatti, infastidito dal bruciore che gli ha colpito le zampe anteriori, si allontana e il drago si butta a catapulta su di lui.

È un vero scontro tra titani e anche se la stazza della mamma drago è tre quarti quella del tirannosauro, essa cerca di trovare il momento giusto per il suo attacco finale volto a colpire con il ghiaccio o con il fuoco la testa del tirannosauro, mentre il tirannosauro cerca di azzannare tutto quello che può sul corpo della mamma drago per metterla fuori combattimento.

Mentre i due titani continuano questa lotta in cui sono proprio in piedi l'uno di fronte all'altro quasi come avvolti in un valzer, scorgiamo da lontano una meteora di medie dimensioni che si sta dirigendo, avvolta in una grande palla di fuoco, proprio verso di noi.

La mamma drago riesce a far cadere sul suolo il tirannosauro dandogli un bel morso assestato sul collo, ma il tirannosauro resiste.

Il meteorite è ormai caduto nelle vicinanze dei due fondendo in un lampo tutte le rocce circostanti e stampando per sempre i due mastodonti nella roccia, quasi come una fotografia.

Torniamo un attimo a noi mettendo fine drasticamente a questa storia fantastica, ma riflettiamo su una cosa: e se fosse davvero accaduto?

Cioè, se i popoli della Mesopotamia mentre scavavano per costruire i loro templi o le loro abitazioni avessero trovato proprio i due mastodonti in lotta stampati nella roccia con una mamma drago che aveva steso a tappeto un dinosauro grande tre volte più di lei?

È secondo te una ipotesi da scartare?

Secondo me no, perché a chiunque, in qualunque epoca ed in qualunque momento può capitare di scavare nel suolo e trovare dei reperti risalenti a epoche recenti o antiche.

Questo ritrovamento così singolare metterebbe un po' di luce sul dove i popoli mesopotamici avrebbero visto il drago e il perché lo ritenevano un essere estremamente forte e terribile tanto che solo un Dio o un uomo molto forte avrebbe potuto abbatterlo.

Possiamo comunque di certo escludere che all'epoca della Mesopotamia ci fossero ancora dei draghi vivi e che l'estinsione di questa specie deve essere avvenuta a poca distanza dall'estinsione del t-rex e di altri predatori di pari livello di temibilità.

Il motivo? Che ragione aveva di esistere un drago, con l'armamento che abbiamo fin qui descritto, a vivere se non aveva predatori così cattivi come il tirannosauro da cui difendersi?

Quello che invece può essere avvenuto, è una evoluzione dei Draghi in qualcos'altro e questo qualcios'altro potrebbe essere un Dragosapiens ovvero un drago evoluto quanto un uomo.

Capitolo 4 - Il Drago nel cielo e la precessione

Una associazione alla figura del drago si può trovare nei cieli ed è rappresentata dalla costellazione Draco (il drago) situata nel polo nord celeste.

Nonostante le sue notevoli dimensioni, essa è poco luminosa e difficilmente distinguibile ed è composta da **alfa Draconis (Thuban)**, **beta Dra (Rastaban o Alwaid)**, **gamma Dra (Eltanin**, la testa del drago), **mu Dra (Arrakis)**, **nu Dra, omicron Dra, psi Dra, 16-17 Dra, 39 Dra** ed **NGC 6543**.

alfa Draconis (Thuban) è una stella bianca distante 230 anni luce. Era sicuramente più di 8000 anni fa la stella polare, ma ha lasciato questo posto all'attuale Polaris per effetto della precessione.

beta Dra (Rastaban o Alwaid) è una supergigante gialla distante 270 anni luce, nella testa del Drago.

gamma Dra (Eltanin, la testa del drago). la stella più brillante della costellazione, è una gigante arancione distante 100 anni luce.

mu Dra (Arrakis), distante 85 anni luce, è una sella doppia stretta con componenti entrambe di color crema. Per separare le due stelle, che orbitano l'una intorno all'altra con un periodo di 480 anni, è necessaria un'apertura di almeno 100 mm e un forte ingrandimento.

nu Dra, distante 120 anni luce, è una coppia di stelle bianche, visibili anche con i più modesti telescopi, ed è considerata come una delle più belle doppie visuali.

omicron Dra, distante 400 anni luce, è una stella gialla con una compagna visibile con un piccolo telescopio.

psi Dra, distante 75 anni luce, è una stella gialla con una compagna gialla visibile con un piccolo telescopio o un buon binocolo.

16-17 Dra è una coppia larga di stelle bianco-azzurre distanti 330 anni luce, facilmente visibili con un binocolo. Con un'apertura di 60 mm e un forte ingrandimento si può vedere che una delle due stelle ha a sua volta una compagna.

39 Dra, distante 170 anni luce, è un altro bel sistema triplo, le cui due componenti più brillanti appaiono nei binocoli come una binaria larga gialla e blu. Con un'apertura di almeno 60 mm e un forte ingrandimento si può vedere che la stella più brillante ha una compagna.

NGC 6543, distante 1700 anni luce, è una nebulosa planetaria, una delle più brillanti. Nei telescopi per dilettanti appare come un disco irregolare verde-azzurro, simile a una stella sfocata.

Ma vediamo passo passo come poter associare la costellazione Draco al drago: prendiamo la costellazione del draco (figura sotto a sinistra) e poi la facciamo ruotare di 180° (figura sotto a destra).

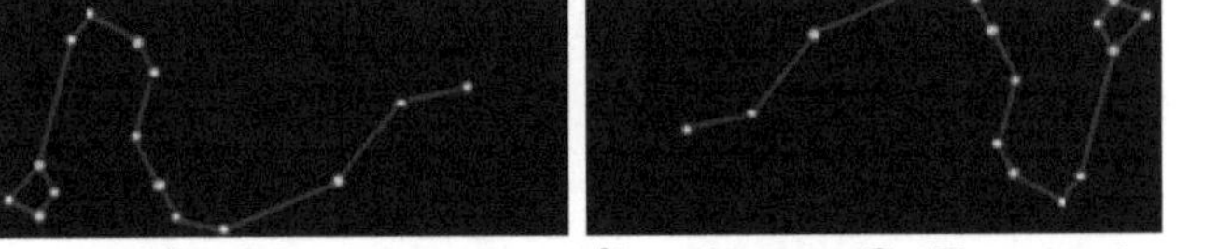

Allora, cosa sembra? Non vedi niente? Peccato, perché io vedo una testa un collo molto lungo, un corpo molto grande e delle ali.

Ancora non lo vedi? Vogliamo provare a fare qualche cosa di diverso? Sovrapponiamo la figura di un drago alla costellazione e vediamo il risultato qui di seguito.

Bhe anche se la costellazione del drago potrebbe essere tranquillamente equiparata ad un serpente, la seconda curva, partendo dalla testa, ha proprio un arco preciso che delinea l'apertura d'ali di un volatile.

Ma perché questa costellazione è così importante?

La risposta sta nella precessione.

La terra compie due movimenti principali conosciuti da tutti che sono il movimento di rotazione attorno a se stessa che decreta il giorno e la notte, e rivoluzione intorno al sole, con una inclinazione di circa 26° e che permette il susseguirsi delle stagioni nei due diversi emisferi.

Se per esempio inseriamo un palo lunghissimo che sprofonda nel polo nord per poi ricomparire al polo sud, otteniamo quello che è l'invisibile asse terrestre intorno al quale ruota la terra comportandosi quasi come una trottola.

Se lanciamo una trottola notiamo che, prima di fermarsi il suo apice forma dei cerchi sempre più larghi. Questo è pressappoco quello che succede con la terra, solo che mentre un cerchio formato da una trottola dura pochi millesimi di secondo, un cerchio dell'asse terrestre dura circa 40000[5] anni e così l'asse del polo nord punta nell'arco di 40000 anni verso diverse stelle tanto che il polo nord punterà precisamente verso l'attuale stella polare (Polaris) (punto 1 nella foto successiva) solo nel 2100 circa, mentre nel 9000 sarà Cephey (punto 2 nella foto successiva), nel 21000 sarà Vega (punto 3 nella foto successiva) e nel 34000 alfa Draconis (punto 4 nella foto successiva).

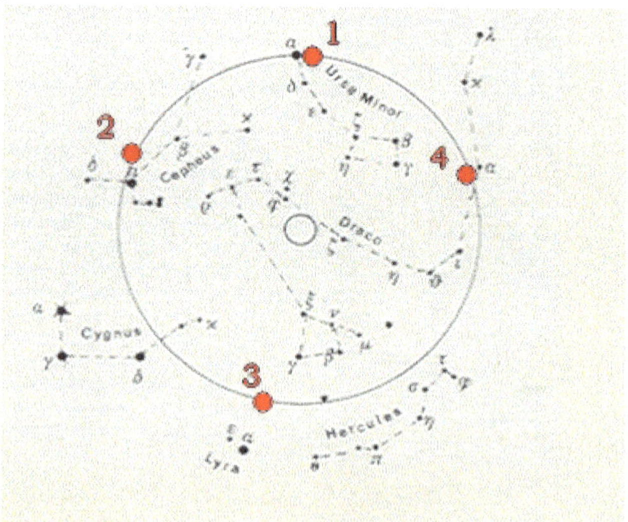

---

⁵ Sui libri e sulle enciclopedie è calcolato che la precessione dura circa 20000 anni, ma ho ragione di credere che la precessione dura almeno il doppio.

In questo caso ogni 10000 anni le stagioni slittano di tre mesi e di conseguenza ogni 3333 anni le stagioni slittano di un mese, ogni 111 anni slittano di un giorno e ogni anno di quasi 13 minuti (12,97).

Secondo i dati ufficiali di vari scienziati, invece, il fenomeno della precessione dura soltanto 24000 anni circa, in questo caso ogni 6000 anni le stagioni slittano di tre mesi e di conseguenza ogni 2000 anni slittano di un mese, ogni 67 anni (66,6 periodico) slittano di un giorno e ogni anno di 21 minuti circa (21,49).

Secondo diverse fonti, le date degli equinozi erano precise solo intorno all'anno 1900, per cui, se seguissimo i dati ufficiali, dal 1967 l'equinozio primaverile (primavera) non arriva più il 21 marzo, ma il 22 marzo e dal 2034 la primavera arriverà il giorno 23 marzo.

Secondo i miei calcoli, invece, solo nel 2011 la primavera comincerà effettivamente il giorno 22 marzo e attualmente (2010) mancano poco meno di 20 minuti per imputare l'equinozio a questo giorno.

Da tutto questo ne deriva che undicimila anni prima di Cristo l'asse terrestre era diretto verso un punto nei pressi della stella contrassegnata con la i greca della costellazione del drago ed era il periodo di massimo sviluppo per i popoli mesopotamici.

Poiché i popoli mesopotamici erano grandi astronomi e astrologi probabilmente si accorsero che dopo l'ottomila avanti Cristo la terra avrebbe gradualmente smesso di puntare verso le stelle della costellazione Draco per poi puntare verso le stelle dell'orsa maggiore.

A questo punto il sapere diventa un vero e proprio romanzo messo in risalto dal "Poema della creazione" che ho spiegato precedentemente; quale modo migliore di spiegare alla gente che la terra non puntava più verso il Draco solo perché un Dio aveva sconfitto quell'essere in battaglia?

Il "Poema della Creazione" rivelerebbe non solo un messaggio religioso ma anche la scoperta della precessione da parte degli astronomi Assiri e Babilonesi ed in questo caso allora i rispettivi dei Aššur e Marduk che sconfiggono il drago per liberare gli altri dei e prenderne il comando, rappresentano forse l'orsa minore con le sue stelle nettamente più luminose e riconoscibili anche a occhio nudo.

Ma non è tutto, perché se riguardiamo bene il cerchio che forma la precessione, possiamo notare che esso racchiude in se, nella quasi totalità, la costellazione del Draco. Includere quindi il Drago nel poema della creazione, sta quindi ad indicare il cerchio che la terra nel suo movimento di precessione compie intorno alla costellazione del Draco attraversandola e dividendola in un solo punto, quasi come per sconfiggerla?

Come abbiamo visto, il fenomeno della precessione può essere osservato solo in un tempo di quarantamila anni ciò significherebbe spostare indietro nel tempo l'inizio della civiltà mesopotamica prima dell'anno 50000 avanti Cristo?

Affermare questo significherebbe non solo che i primi popoli sono più antichi di quanto mai ci si sia aspettato, ma anche che le loro conoscenze astronomiche erano molto più avanzate di quanto si è sempre pensato.

Ma se poi consideriamo che per essere sicuri che un fenomeno non sia casuale ma meccanico, esso deve ripetersi per almeno due volte, allora significa che l'origine della civiltà Mesopotamica deve essere spostata indietro di altri quarantamila anni.

Ma non è finita, secondo la teoria scientifica per stilare una legge da un dato fenomeno, esso deve ripetersi almeno tre volte, e se gli antichi mesopotamici avessero seguito questa regola la loro origine dovrebbe risalire all'anno 130000 avanti Cristo.

Caro lettore, lascio a te l'ultima scelta di collocare l'origine della civiltà mesopotamica, anche se la prenderemo in considerazione più avanti, ma resta comunque gia abbastanza stupefacente che la civiltà mesopotamica, nell'anno 50000 avanti Cristo fosse gia presente **da qualche parte della terra**.

Infondo anche l'autorevole rivista Nature, nel mese di dicembre del 2005, pubblica una ricerca secondo la quale le impronte umane rinvenute in America presso il lago Valsequillo (Messico) possono essere sicuramente risalenti ad un milione e tremila anni fa.

È incredibile che il popolo mesopotamico fosse a conoscenza di tutto ciò, ma è anche incredibile che una costellazione abbia lo stesso nome di un essere mitologico da millenni e come abbiamo detto in precedenza, per poter affermare che una cosa ha una data forma, devi per forza conoscere quella forma e come nel caso della costellazione del Leone che ha forma di leone, nell'antichità per associare la costellazione Draco al drago, devi averlo visto per forza da qualche parte.

Capitolo 5 - Le altre teorie dell'evoluzione

La scienza ogni giorno compie passi da gigante, ma spesso le nuove teorie non vengono accettate subito e passano anni o anche secoli prima che la comunità scientifica accetti queste teorie e, finalmente, cominci a includerla nei libri e negli insegnamenti scolastici.

Quando ciò avviene vengono inserite le teorie nei libri con tutte le relative spiegazioni in modo confuso e senza far nessun collegamento tra loro, anche nel caso in cui le une sono consequenziali delle altre o addirittura ci vanno a braccetto.

La teoria più accreditata dell'evoluzione è quella di Darwin, ma ad essa si devono aggiungere tutte le teorie e le altre ipotesi avanzate da altri scienziati e collegarle tra loro in modo da creare un discorso completo sul come avvengono determinati fenomeni.

Come abbiamo visto nel secondo capitolo, Darwin, spiega la sua teoria dell'evoluzione delle specie animali e vegetali per selezione naturale di mutazioni casuali congenite ereditarie, ma in realtà le mutazioni non avvengono in modo casuale.

Le mutazioni avvengono per eventi ben precisi dati o dall'accoppiamento di due specie diverse tra loro oppure da fattori che cambiano radicalmente i geni che andranno a formare le future generazioni.

Per meglio specificare: dall'accoppiamento di due cavalli nascerà sempre un cavallo e anche se la mattina due cavalli si metteranno d'accordo perché dal loro accoppiamento possa nascere una pecora o una zebra o un altro essere che non sia un cavallo, questo non avverrà mai.

Se invece faccio accoppiare un cavallo con un asino, allora nascerà qualche cosa di diverso; per far si che dall'accoppiamento di due cavalli nasca un asino, deve invece succedere un evento esterno che modifichi completamente il D.N.A. che i due cavalli daranno al nascituro e che per comodità chiameremo D.N.A. GENERANTE[6].

Le ricerche per spiegare in quale modo due individui X potessero dar vita ad un individuo Y completamente diverso dagli individui X di partenza, cominciano proprio dopo alcuni anni dalle teorie di Darwin.

Si era sempre pensato che la vita sulla terra fosse stata portata e poi magari modificata dall'impatto di diverse comete con la terra e che la composizione interna delle comete fosse fatta degli elementi essenziali per formare il D.N.A..

Soltanto il 2 gennaio 2004 è stata provata questa ipotesi, infatti, la sonda della NASA Stardust è riuscita a catturare grani di polvere della cometa Wild-2 e gli esperti, tra i quali a livello italiano figuravano l'osservatorio di Capodimonte dell'Istituto Nazionale di Astrofisica (INAF), l'università Parthenope di Napoli e l'università di Catania, hanno rilevato nelle comete molecole come le ammine e lunghe catene carboniose, che sono l'ossatura delle grandi molecole organiche che compongono il D.N.A. di tutte le specie animali e vegetali.

Mentre la biologia moderna continua a sostenere che le trasformazioni avvengono in modo casuale come sostenuto da Darwin, la fisica e ancor di più l'astronomia e la chimica hanno dimostrato che le radiazioni derivanti dall'impatto sulla terra di comete, combinate con le sostanze di cui esse sono composte, possono provocare, se irradiate in tutte le direzioni, una rilevante trasformazione del D.N.A. GENERANTE delle specie animali e vegetali presenti nei pressi dell'impatto; oppure possono creare quel liquido primordiale di cui tanto parla la biologia moderna e passata.

Se guardiamo la Luna, sulla quale non agiscono gli stessi elementi climatici responsabili dell'erosione che sono

---

6 D.N.A. GENERANTE: Sarebbe il D.N.A. contenuto negli spermatozoi e negli ovuli che andranno a formare il nascituro.

presenti sulla terra e che presenta, intatti ed indelebili per milioni di anni, una innumerevole quantità di crateri frutto di un massiccio bombardamento da parte di comete e asteroidi avvenuto durante l'arco di milioni di anni, non possiamo escludere che lo stesso trattamento lo abbia avuto anche la terra, visto che la distanza tra i due, paragonata alle distanze che sono presenti nel Sistema Solare o nella nostra Galassia, si potrebbe equiparare a quella di uno sputo.

Così avviene che, mentre in tutti i libri ufficiali di biologia e astronomia è scritto, con strabiliante inventiva degne di uno scrittore di fantascienza, che la vita nasce improvvisamente da un brodo primordiale messo lì non si sa da chi e continua a sostenere la teoria di Darwin asserendo a gran voce che delle trasformazioni sono avvenute in maniera casuale; più di cinquant'anni fa un noto fisico di nome Einstein asserì: "nulla si crea e nulla si distrugge...", evidenziando in tal senso che nulla nasce dal nulla, ma che un qualcosa nasce da un'altra cosa che era già presente in quel punto ed è quindi d'obbligo pensare che il brodo primordiale non è nato all'improvviso, ma che qualcuno o qualcosa l'ha messo lì.

Poiché gli elementi del brodo primordiale non erano presenti sulla terra prima che esso entrasse nella storia dell'evoluzione, è logico pensare che questi elementi provengano da qualcuno o qualcosa che li ha portati sulla terra e che questo qualcosa sono le comete e non è un caso se qualcuno ha soprannominato le comete "lacrime di Dio".

Chiarito il concetto, dunque che nulla può essere creato dal nulla, ma qualcosa può essere creato solo dalla trasformazione di un'altra cosa e che per creare delle trasformazioni non è necessaria solo la spontaneità ma servono anche degli agenti esterni per creare tale trasformazione, possiamo affermare che la vita sulla terra è cominciata grazie all'ausilio di una grossa cometa che all'impatto con il globo si è trasformata in brodo primordiale e che le trasformazioni degli esseri viventi, sono avvenute grazie all'impatto di altre comete, successive alla prima, che hanno modificato il D.N.A. GENERANTE che i vari esseri animali e vegetali hanno trasmesso alle generazioni future.

Seppure è assurdo dare una risposta alla atavica domanda del "è nato prima l'uovo o la gallina" posso affermare a gran voce che non è nato ne prima l'uno ne prima l'altro, ma che in un tempo lontano c'era una specie di gallina molto simile a quella attuale che dopo aver subito radiazioni di una cometa ha generato un uovo contenente un essere con le sembianze della gallina che conosciamo oggi.

Abbiamo visto tutti che le persone irradiate dagli scoppi ti bombe atomiche e centrali atomiche hanno generato dei bambini malformati perché hanno avuto una trasformazione nel D.N.A. GENERANTE che hanno trasmesso ai nascituri, ma a differenza dello scoppio di energia atomica che fa produrre alle persone un D.N.A. GENERANTE malformato, l'impatto di una cometa può far produrre un D.N.A. GENERANTE molto più elaborato ed evoluto rispetto a quello di partenza.

Ma perché dico tutto questo? Perché è utile ai fini del libro?

Perché se una cometa è riuscita a modificare il D.N.A. GENERANTE di una scimmia per creare il primo essere umano, **non si può escludere a priori che lo stesso evento sia avvenuto anche per i Troodon che hanno generato i saurosapiens, e anche per una scimmia gigante che ha generato i gigantosapiens, e persino per un drago che ha generato un dracosapiens.**

In questo caso si può ipotizzare che si siano evoluti quattro popoli umani, tre di giganti, due di saurosapiens e una di dracosapiens, per un totale di dieci popoli.

So che questa ipotesi può sembrare assurda, ma si parla di dieci popoli che vivevano in pace tra loro, prima che ogni civiltà avesse inizio, in una terra chiamata Atlantide.

Capitolo 6 - Atlantide

Il primo a parlare di Atlantide fu Platone nel *Timeo*, dove si racconta di una discussione tra Socrate, Timeo, Ermocrate e Crizia che, viene detto, ebbe luogo nel 421 a.C. ad Atene. Il dialogo prende le mosse da un altro dialogo, avvenuto il giorno precedente, riguardante la natura dello Stato ideale, e parla di come Solone, durante un suo viaggio in Egitto, venne a conoscenza di una guerra combattuta molto tempo prima tra gli antenati degli attuali ateniesi e, appunto, gli atlantidei, abitanti di una grande isola-continente situata oltre le colonne d'Ercole.

Secondo i sacerdoti egiziani che riferirono la storia a Solone, Atlantide sarebbe stata una monarchia molto potente e con tendenze espansioniste, che governava, oltre al continente omonimo, anche una vasta parte dei territori africani ed europei fino all'Egitto e all'Italia. Le sue mire vennero fermate appunto nel corso della guerra con Atene, dopo la quale si verificò un immenso cataclisma che distrusse l'esercito ateniese e fece inabissare in un solo giorno il continente in mare.

La storia viene ripresa più in dettaglio nel *Crizia*, il dialogo successivo, dove si colloca temporalmente a novemila anni prima di Solone la guerra e si descrive più in dettaglio Atlantide, la sua immensa potenza e ricchezza e la storia delle sue origini. Qui si specifica l'origine divina della monarchia che reggeva l'isola, essendo questa divisa in dieci zone ciascuna retta da un figlio di Poseidone e dai loro discendenti. Inizialmente questi governarono avvedutamente, ma poi a causa della forzata convivenza tra i mortali la loro saggezza venne meno fino a quando Poseidone decise di rimediare alla situazione.

La veridicità del racconto di Platone venne negata dal suo allievo Aristotele, ma altri nell'antichità lo accettarono come un fatto storico, dando di fatto inizio a un dibattito che continua tuttora.

Il dibattito è reso ancora più interessante quando si cerca di dislocare geograficamente questo lembo di terra situato al di là delle colonne d'Ercole che, secondo le descrizioni, consisteva in un'isola attraverso la quale era possibile raggiungere altre isole.

Uno degli scritti per collocare Stiamo parlando del viaggio di ritorno che Ulisse fece dalla città di Troia fino alla sua amata Itaca nei libri di Omero, con le sue tappe che hanno suscitato diverse ipotesi sul reale percorso fatto da Ulisse.

Ulisse infatti salpò da Troia e toccò le seguenti tappe: Ismaro Ciconia, Citera, La terra dei mangiatori di loto, L'isola dei Ciclopi, L'isola di Eolo, Porto di Telepilo nella terra dei Lestrigoni, L'isola dell'alba, Terra dei Cimieri, L'isola delle sirene, Le rocce di Scilla e Cariddi, Coste della Sicilia, Isola di Ogigia, Isola di Drenane terra dei Feaci e Itaca.

Incominciamo con lo stabilire dove si trovatala città di Troia all'epoca dell'opera scritta da Omero dando anche uno sguardo alla cartografia di quegli anni.

Si nota subito che la cartografia è assolutamente ristretta e del tutto errata; non vi è traccia della Corsica e della

Sardegna; la penisola Italiana è larga e corta e sembra addirittura essere girata al contrario; la costa ad ovest della Sicilia punta dritta verso sud ovest.

In molti hanno ipotizzato che il viaggio descritto nei versi scritti da Omero è veritiero e così sono nate diverse teorie che ricostruiscono il percorso ipotetico effettuato da Ulisse.

Si vuole che Ulisse sia stato in Italia, in Palestina, nella Spagna, in Crimea, a Tenerife, addirittura nel Polo Sud e nel Polo Nord, ma tutto dipenda da dove si collocano rispettivamente tre punti importanti: Troia, Scilla e Cariddi e Itaca.

Scilla e Cariddi sono ricondotte spesso alla punte del Marocco e Della Spagna che producono lo stretto di Gibilterra; Itaca è sicuramente una delle isole ad ovest della Grecia che al novanta per cento delle probabilità è l'attuale Zante, ma in minima parte Itaca potrebbe essere l'attuale Isola di Cefalonia, oppure l'Isola Santa Maura, o l'Isola Passo, o l'Isola di Corfù, o addirittura l'Isola Fano; Troia infine è stata ritrovata in un posto nei pressi della città di Hissarlik situata in Asia Minore.

Premesso che effettueremo un viaggio via mare, se partiamo dallo stretto dei Dardanelli, passiamo per lo stretto di Gibilterra e per poi giungere a Zante abbiamo due scelte: o circumnavigare l'Africa o fare il giro del mondo, partendo in entrambe i casi nei pressi del Golfo Persico.

Seguendo il fiume Thoma che confluisce nell'Eufrate, Ulisse era giunto ad Ismano Ciconia doveva quindi essere una città nei pressi della foce dell'Eufrate, ma come poteva svolgersi da qui il viaggio di circumnavigazione dell'Africa? E quello intorno alla terra?

Per la circumnavigazione dell'Africa, dopo aver lasciato il Golfo Persico, Ulisse avrebbe toccato ipoteticamente le seguenti tappe: Socotra, Isole Seicelle, Madagascar, Isola Europa, Baia di Sant'Elena, Isola Sao Tome, Capo Verde,

Isole Canarie, Stretto di Gibilterra, Coste della Sicilia, Pantelleria, Malta e Zante.

Per il Giro del mondo, sempre partendo dal Golfo persico, Ulisse avrebbe toccato ipoteticamente le seguenti tappe: Borneo, Isole Figi, Isola di Pasqua, Galapagos, Istmo di Panama, Cuba, Repubblica Dominicana, Isole Azzorre, Stretto di Gibilterra, Coste della Sicilia, Pantelleria, Malta e Zante.

Per meglio capire a cosa corrispondono le varie tappe sopra elencate ho previsto lo schema sotto riportato.

Luoghi di Ulisse	Circumnavigazione dell'Africa	Giro del mondo
Citera	Socotra	Borneo
La terra dei mangiatori di loto	Seicelle	Isole Figi
L'isola dei Ciclopi	Madagascar	Isola di Pasqua
Isola di Eolo	Isola Europa	Galapagos
Porto di Telepilo (terra dei lestrigoni)	Baia di Sant'Elena	Istmo di Panama
L'isola dell'alba	Isola Sao Tome	Cuba
Terra dei Cimmeri	Capo Verde	Repubblica Dominicana
L'isola delle Sirene	Isole Canarie	Isole Azzorre
Scilla e Cariddi	Stretto di Gibilterra	Stretto di Gibilterra
Coste della Sicilia	Coste della Sicilia	Coste della Sicilia
Isola di Ogigia	Pantelleria	Pantelleria
Isola di Drenane	Malta	Malta
Itaca	Zante	Zante

Per quanto riguarda la Circumnavigazione della terra vi sono pochi riscontri con i luoghi descritti da Omero, tranne forse che per il percorso fatto da Ulisse che volge prima verso sud ovest, poi verso nord ovest, poi verso nord est e infine verso est.

Per quanto riguarda il giro del mondo, l'accostamento dell'isola di Pasqua con L'isola dei Ciclopi è alquanto geniale poiché tutti sanno che sull'Isola di Pasqua si ergono le grandi statue Moai costituite da enormi effigi umane, alte dai due ai dieci metri circa, pesanti fino ad ottantacinque tonnellate e trattenute da strutture megalitiche.

I Moai sorgono tutto intorno all'isola e sembrano essere quasi una sorta di muraglia di protezione che non è presente solo in alcun i punti dell'isola e chi sbarca in questi punti deve percorrere un po' di strada prima di incontrarne uno.

Queste coincidenze alimentano in modo esorbitante la fantasia, poiché con tali premesse è facile sospettare che il racconto di Ulisse parli proprio di un approdo sull'isola di Pasqua in una zona sprovvista di Moai e poi tutto il resto del racconto sarebbe la poesia di un enorme pietra scolpita che prende vita e che lotta per difendere le sue pecore da Ulisse.

Purtroppo le due ipotesi che abbiamo enunciato fino ad ora sono entrambe da escludere poiché si evince dal romanzo che Ulisse cerca per ben tre volte di sorpassare Scilla e Cariddi senza riuscirci e che alla fine i Feaci lo aiutarono a passare attraverso le loro terre per evitargli il passaggio Tra scilla e Cariddi.

Non è possibile nemmeno posizionare i Feaci in Spagna perché Ulisse passa attraverso il loro regno come ultima tappa prima di arrivare a Itaca e certamente non poteva raggiungere le coste della Sicilia visto che nell'opera la raggiunge ben due tappe prima di passare attraverso il regno dei Feaci.

Infine anche se Ulisse impiega diversi anni a ritornare a Itaca, il suo viaggio effettivo, come si evince dai versi, non dura più di sessanta giorni, mentre gli otto anni di soggiorno vengono distribuiti tra le dodici tappe intermedie che contrassegnano la sua avventura.

A questo punto, quindi, bisogna trovare un percorso più interessante e in definitiva sicuramente più probabile, spostando Scilla e Cariddi nello stretto di Messina con le seguenti tappe: Hissarlik, Peloponneso, Kithira, Gerba, Kerkennha, Malta, Mozia, Ustica, a est di Termini Imerese, Vulcanello (Vulcano), Messina, Panarea o Stromboli, golfo di Sant'Eufemia e Zante.

In tal caso i versi di Omero diventano un vero e proprio giro intorno alla Sicilia facendo dell'odissea una vera e propria giuda turistica di tutte quelle isole che sono al di la delle isole greche.

Nessuno mai potrà fare una giuda turistica così piena di enfasi ed avventure che fanno venire il desiderio di ripercorrere un tragitto e di ricercare le stesse emozioni provate da Ulisse nell'approdo a questi paradisi.

Questa ipotesi è confermata anche dal viaggio fatto da Giasone per recuperare il Vello d'oro dalla Colchide.

Giasone infatti nel ritorno viene spinto da forti venti verso la Libia, poi su per l'adriatico, attraversa il po, arriva in liguria e poi per evitare i gorghi di scilla e cariddi viene aiutato anchì'egli dai Feaci a passare al mar Ionio

Nella letteratura greca classica, quindi, le colonne d'Ercole stavano ad indicare il limite estremo del mondo conosciuto, indicavano il concetto filosofico di "limite della conoscenza" ed in un certo senso era un modo per dire ai marinai e agli esploratori: "Hei, conosciamo fino a qui e non sappiamo cosa c'è oltre".

È d'uso comune riassumere e risolvere questo concetto filosofico in due parole, associando alle Colonne d'Ercole la collocazione geografica della stretto di Gibilterra, ma in tal modo di commetterebbe un grave errore.

Con quel termine, infatti, i greci delineavano i confini marittimi e terrestri ed è quindi verosimile pensare che la loro collocazione geografica sia stata spostata ogni qual volta ci sono state nuove esplorazioni e conquiste militari e soltanto all'epoca di Alessandro Magno possiamo per certo imputare i confini del mondo conosciuto allo stretto di Gibilterra.

In questo modo dobbiamo, al fine, cercare una isola situata oltre i limiti geografici che i greci conoscevano sia prima che durante il periodo in cui visse Platone: Gibilterra Dardanelli, Suez e stretto di Messina.

Al di la dello stretto di Messina troviamo le isole Eolie, la Sardegna la Corsica e le isole Baleari.

Le isole Eolie sono di origine vulcanica e tutto lascia pensare che il cataclisma di cui si parla sia avvenuto a seguito di una grossa eruzione di uno dei vulcani delle isole, dalla quale hanno avuto origine violenti scosse di terremoto e grosse onde (tipo tsunami) che hanno cancellato, in parte o totalmente, le abitazioni delle isole circostanti.

Facendo visita al Castello di Lipari si nota un fatto alquanto bizzarro: le tombe all'interno del castello sono a disposte in modo da formare una grossa omega e l'anfiteatro, proprio affianco alle tombe, ha la forma di una omega rovesciata.

Tombe disposte a forma di omega

Anfiteatro a forma di omega rovesciato

La Sardegna sembra non comparire sulle carte greche (vedi pag. 43), quindi si può pensare che la sua sparizione non è dovuta ad una sparizione vera è propria, ma al fatto che essa c'è nonostante che sulle carte non è segnato, quindi la sparizione sarebbe topografica.

Purtroppo le due ipotesi sono entrambe da scartare poiché, le prime civiltà sorsero tra il Tigri e l'Eufrate, quindi dobbiamo ipotizzare che Atlantide fosse una isola o un

continente non molto lontano da questo punto, nel quale, i popoli in fuga dal cataclisma che la colpì, si rifugiarono e prosperarono.
Nel 1864 il geologo Philip Sclater si accorse dalla presenza dei lemuri in Madagascar in India ed in Malesia ed ipotizzò che in un tempo remoto, a legare i tre, ci fosse stato una grossa estensione di terra, sommersa o sprofondata a seguito di un grande cataclisma.
L'ipotesi del geologo fu quasi del tutto smentita quando fu scoperta la tettonica delle zolle (detta anche deriva dei continenti), anche se proprio la tettonica delle zolle potrebbe dare ancora di più credito alla teoria di Sclater.

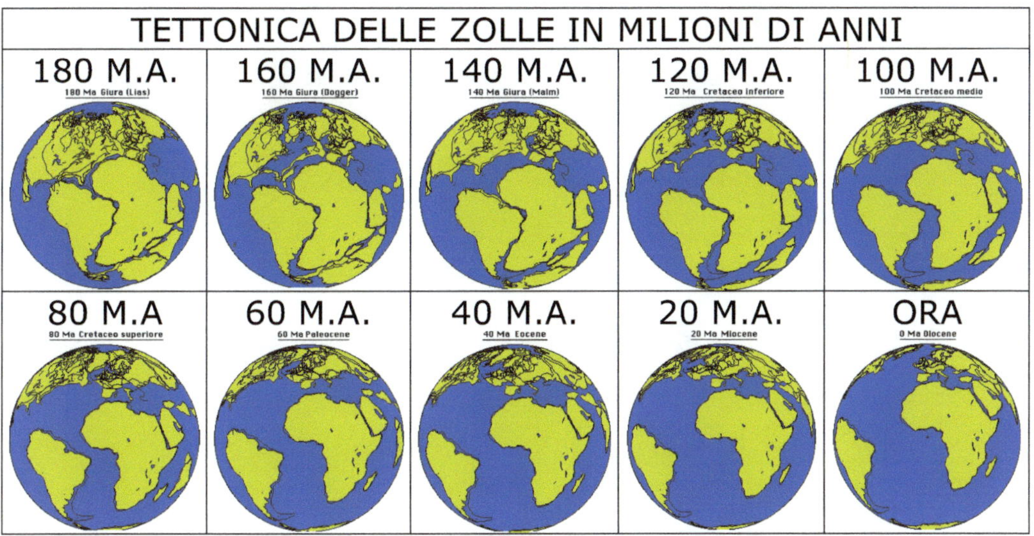

La tettonica delle zolle sostiene che sul pianeta ci sono lembi di terra che si muovono come se fossero su una zattera, anche l'india viaggia su di una zattera che milioni di anni fa si è staccata dall'attuale continente antartico e il suo movimento verso nord l'ha spinta contro il continente asiatico e tutt'ora continua spingere verso nord tanto da innalzare la catena dell'Himalaya di circa due centimetri l'anno.

Tutto ciò però richiede milioni di anni mentre i lemuri che fanno parte dei mammiferi hanno fatto la loro apparizione quando l'India gia stava cominciando ad unirsi alla zolla asiatica quindi bisogna imputare la loro presenza nei due continenti a qualche altro fenomeno e quindi riprendere in considerazione l'ipotesi di Sclater e posizionare Atlantide Proprio al centro dell'Oceano Indiano.

---

[7] Chiedo scusa per la leggera imprecisione cartografica dei territori esistenti e ho ricavato una ipotetica Atlantide da una grossa chiazza di acque profonde che si può notare guardando una carta fisica dell'oceano indiano.

Sembra strano vedere questo lembo di terra, ma sembra altrettanto strano che le prime civiltà si siano sviluppate proprio a poca distanza dal punto in cui io ho ipotizzato che si trovava Atlantide.
A poca distanza infatti abbiamo l'Africa, L'India, la Cina e persino la Mesopotamia a cui tutti gli storici imputano l'origine del genere umano e delle civiltà.

Capitolo 7 - Dove finì Atlantide?

[8] Nell'anno 6 del Kan, l'11 Muluc del mese di Zac, si produssero tre tremendi terremoti che continuarono senza interruzione fino al 13 Chuen, la contrada delle colline d'argilla e il paese di Mu furono sacrificati dopo essere stati sconquassati in due riprese, disparvero improvvisamente durante la notte, le forze vulcaniche facevano abbassare e sollevare il suolo continuamente in parecchie località, finché cedette, le 10 contrade furono di conseguenza separate le une dalle altre e poi disperse; non potendo esse resistere alle terribili convulsioni, si sommersero, trascinando con se sessantaquattromilioni (64.000.000) di abitanti. Ciò accadde ottantamilasessanta anni prima della composizione di questo libro.

Il Manoscritto Troano, come le tavolette Rogo Rongo, sembrano avere una età di più di 30 o 40000 (quarantamila) anni e questo proverebbe l'ipotesi che la civiltà abbia avuto inizio ben 120 0 130000 (centotrentamila) anni fa, come avevo detto nei primi capitoli.

Ma altre fonti sembrano confermare che durante la storia sia avvenuto un tremendo cataclisma che abbia fatto fuggire gli abitanti di un continente o da una determinata zona del globo per trovar rifugio da un'altra parte.

(Genesi 6; 5-7) Il Signore vide che la malvagità degli uomini era grande sulla terra e che ogni disegno concepito dal loro cuore non era altro che male. E il signore si pentì di aver fatto l'uomo sulla terra e se ne addolorò in cuor suo. Il Signore disse: "Sterminerò dalla terra l'uomo che ho creato: con l'uomo anche il bestiame e i rettili e gli uccelli del cielo, perché sono pentito d'averli fatti"

---

[8] Tratto dal Manoscritto Troano

(Genesi 6; 14-16) "...Fatti un'arca di legno di cipresso; dividerai l'arca in scompartimenti e la spalmerai di bitume di dentro e di fuori. Ecco come devi farla: l'arca avrà trecento cubiti di lunghezza, cinquanta di larghezza e trenta di altezza. Farai nell'arca un tetto e a un cubito più sopra la terminerai; da un lato metterai la porta dell'arca. La farai a piani: inferiore, medio e superiore..."

Non è l'unico evento catastrofico descritto dalla Bibbia, ma la cosa che più colpisce è che il racconto corrisponde in molti punti con altri racconti antichi. Nel 1960 un satellite scattò delle foto del monte Ararat che mettevano in netta evidenza la presenza di una grossa formazione rocciosa a forma di barca.

(Genesi 8; 4) Nel settimo mese, il diciassette del mese, l'arca si posò sui monti dell'Ararat.

Ron Wyatt ha ispezionato il posto palmo a palmo dal 1964 portando alla luce e analizzando vari reperti i quali contengono un'alta percentuale di legno pietrificato e misurando le dimensioni del sito, si è accorto che esso rispecchia le dimensioni citate nella bibbia per l'arca di Noè Nel 1987 le autorità turche hanno inaugurato il sito archeologico e nel 1991 hanno dato anche l'autorizzazione ad effettuare gli scavi, ma nello stesso anno Ron e parte del suo staff sono stati fermati e presi come ostaggio da uomini armati del PKK.
Nel 1992, a seguito della liberazione di Ron, è stata preparata una nuova spedizione che è stata bloccata dai soldati turchi i quali hanno rimandato tutti a casa perché la regione era ancora infestata dai guerriglieri e non si poteva garantire la sicurezza dei ricercatori.
Nei dintorni dell'arca sono state portate alla luce delle grosse pietre di ancoraggio, usate dai marinai per

stabilizzare la navigazione, le quali provano che in un tempo lontano a quell'altezza vi era un grosso lago o che l'acqua del mare era arrivata fin lassù.

Altri ritrovamenti sono stati portati alla luce nei dintorni di quell'enorme vascello, le ricerche fatte da Ron sembrano provare che questo reperto è la famosa arca di Noè e se questo fosse provato scientificamente, per la prima volta nella storia si potrebbero riunire scienza e religione provando scientificamente che la bibbia, dalla storia di Noè in poi, racconta eventi realmente accaduti.

Purtroppo, il prosieguo delle ricerche sul posto, è reso un po' difficile sia dalla per i guerriglieri che girano in quella zona a confine con l'Iran, sia per l'atteggiamento ostile degli abitanti del luogo che non vogliono i turisti in giro per i loro villaggi e fanno sparire diversi reperti molto importanti.

Intono alla metà del 1800 due archeologi, Sir Austen Layard e il suo assistente Hormuzd Rassam ritrovarono numerosi reperti della biblioteca di Assurbanipal III e tra di essi 12 massicce tavole di argilla note come "L'epopea di Gilgamesh" (o Gilgameš).

Nel 1928 Campbell Thompson, pubblicò una monumentale edizione con testo, traslitterazione e commento che fa delle tavole una delle epopee più antiche mai scritte nella storia della terra ed in esse vi è una più antica versione del Diluvio descritto nella Bibbia e il tutto è reso ancora più interessante dal fatto che lo stesso episodio è riportato anche nel mito sumerico Zisudrà e nel Poema di Atra-hasis. In un episodio Gilgamesh incontra **Utnapištim** il quale gli racconta...

(9) *(Capitolo V) In quei giorni il mondo pullulava, la gente si moltiplicava, il mondo mugghiava come toro selvaggio e il grande dio venne destato dal clamore.*

---

9 Tratto da: L'epopea di Gilgamesh - N.K. Sandars - Biblioteca Nazionale di Roma - Collocazione AYA.0010580

Enlil udì il clamore e disse agli dei in consesso: "Lo strepitio dell'umanità è intollerabile e il sonno non è più possibile a cagion di questa babele". Così gli dei si accordarono per sterminare l'umanità. Lo fece Enlil, ma Ea… Mi avvertì in sogno. Egli sussurrò le loro parole alla mia casa di canne: "Casa di canne, casa di canne! Muro, o muro, ascolta casa di canne, rifletti, o muro! Uomo di Šuruppak, figlio di Ubra-Tutu, abbatti la tua casa e costruisci una nave, abbandona i tuoi averi e cerca la vita, disprezza i beni mondani e mantieni viva l'anima tua…"

…Alla prima luce dell'alba la mia famiglia si riunì attorno a me, i bambini portarono pece e gli uomini tutto il necessario. Il quinto giorno misi in posa la chiglia e le coste, poi fissai il fasciame, di un arco (iku) era la sua area di terreno, ogni lato del ponte misurava centoventi cubiti e costituiva un quadrato. Sottocoperta costruii sei ponti, sette in tutto; li divisi in nove sezioni con paratie fra di loro.

È impressionante la somiglianza con l'arca costruita da Noè ed è ancora più interessante scoprire come finisce il racconto.

…Allora Enlil… Ci toccò il capo per benedirci e disse:"In passato Utanapištim fu uomo mortale; d'ora innanzi lui e sua moglie vivranno nella lontananza, alla bocca dei fiumi"

In questo caso il Gilgamesh ci indica il luogo preciso dal quale cominciarono a prendere vita le civiltà mesopotamiche e il protagonista Gilgamesh sarebbe il quinto sovrano dalla fondazione della prima dinastia (postdiluviana) di Uruk e avrebbe regnato per 126 anni. Suo padre avrebbe regnato la bellezza di 1200 anni, il suo nome era Lugalbanda, e viene descritto come un sommo sacerdote e come un Lillû che potrebbe indicare un demone della classe dei vampiri.

Il figlio di Gilgamesh, invece, avrebbe regnato solo per trent'anni e da allora il poi le vite e i regni dei re avrebbero avuto una durata meramente umana.

Anche nei Purana[10] dell'induismo esiste un episodio che racconta del diluvio il cui nome è Matsya Purana

> *Secondo la leggenda, Matsya prese le sembianze in un pesciolino e mentre il re di Dravida Satyavrata, in seguito noto come Manu, si stava lavando le mani in un fiume, questo un pesciolino nuotò tra le sue mani e lo supplicò di salvarlo. Manu lo mise in una giara, ma il pesce crebbe più grande di questa, così lo mise in una piscina, poi un fiume e infine nell'oceano. Il pesce per gratitudine rispetto al gesto che Manu aveva fatto, lo avvertì che entro una settimana sarebbe arrivato un Diluvio che avrebbe distrutto ogni cosa sulla terra. Manu allora costruì un'arca che con l'aiuto del pesce resistette al diluvio, e dentro di essa custodì i "semi della vita" che avrebbero ridato vita alla terra.*

Matsya altro non era che un avatar di **Visnu** (devanagari) che presso la religione induista, è uno degli aspetti di Dio, nonché la seconda Persona della Trimurti (chiamata anche *Trinità indù*, composta da Brahma, Visnu e Śiva), all'interno della quale è conosciuto come il *Conservatore*.

Un altro episodio di un "diluvio" è inciso anche in alcune tombe egizie.

---

[10] La religione Indù si basa su diciotto Purana maggiorni (Maha Purana) e diciotto Purana minori (Upa Purana) e sono trattati religiosi che contengono diversi insegnamenti sui rituali, la pratica, le festività, i pellegrinaggi, elementi storici e mitologici.
In ogni Purana troviamo la presenza di una particolare divinità che si è manifestata sottoforma di un Avatar (che è l'incarnazione in un corpo fisico da parte di Dio) per lasciare i suoi insegnamenti.

Secondo le incisioni, un po' di tempo dopo che Ra ebbe stabilito la propria sovranità sugli uomini e sugli altri dei, Egli venne a sapere che l'uomo stava covando dei pensieri malvagi contro di Lui. Allora Ra convocò tutti i dei e insieme a loro cercò di trovare una soluzione per castigare gli uomini senza sterminarli. Essi giunsero alla conclusione che lo stesso Occhio con il quale Ra li aveva creati, poteva procedere a punirli, ma siccome il suo potere non era così grande per punirli tutti, Ra avrebbe dovuto mandare il suo Occhio come la Dea Hathor. In un giorno Hathor ridusse la popolazione della metà e poi ritornò da Ra, il quale la ringraziò e la trasformò nella Dea Sekhmet che il giorno dopo avrebbe dovuto continuare l'opera. Ma Ra non aveva intenzione di sterminare il genere umano e allora, durante la notte, mentre Sekhmet dormiva, chiamò a se delle giovani schiave per pestare l'orzo e ricavare la birra e ordinò a dei messaggeri capaci di volare "come l'ombra di un corpo"[11] di portargli una grande quantità di ocra rossa che Ra fece macinare e fece aggiungere alla birra in modo da apparire simile al sangue umano. Ra, soddisfatto del risultato, fece versare questo preparato nella terra che divideva gli umani da Sekhmet fino a ricoprire i campi per tre palmi. Quando Skchmet si destò vide la terra inondata dal liquido e ne fu così fiera da berne in grande quantità, fino a divenire ubriaca e a dimenticarsi completamente degli umani. Alla fine del giorno Sekmet ritornò da Ra, il quale la ringraziò e la trasformò nelle Belle di Iamu alla quale assegnò il compito di preparare delle bevande inebrianti e affidare la loro preparazione alle fanciulle schiave.

---

[11] È un antico modo per dire "più veloce della propria ombra" e cioè volare più veloce della luce stessa.

Anche se il racconto cerca di spiegare in effetti il motivo per il quale da quel momento alle schiave era affidato il compito di preparare le bevande inebrianti, non si può negare che il racconto fa riferimento ad un certo tipo di "diluvio", con la leggera differenza che Ra aveva fatto "piovere" birra mescolata con ocra rossa.

Persino gli antichi etruschi rappresentavano il diluvio (foto seguente).

Possiamo pensare che: Noè della bibbia, Utnapištim dell'epopea di Gilgamesh, Manu presente nei purana ecc, sono tutti una stessa ed identica persona chiamata in maniera diversa, visto che le storie sono pressoché identiche?

Perché no? Molto probabilmente Utnapištim (o Manu o Noè come dir si voglia), era un esperto di astronomia e meteorologia che riuscì a prevedere una grossa catastrofe che si sarebbe abbattuta di lì a poco su Atlantide e a costruire qualche cosa per scampare al pericolo.

Probabilmente un grosso asteroide o una grossa cometa cadde davvero sulla terra sconvolgendone anche il clima. Come?

Ti è mai capitato di lanciare una trottola e poi toccarla con un dito mentre gira?

Se lanciamo una trottola, sul suo apice, in un primo momento non notiamo variazioni rilevanti, ma poi pian piano la trottola forma con il suo apice dei cerchi via via più larghi fino ad arrestarsi del tutto.

Se invece lanciamo la trottola e la tocchiamo subito con un dito la trottola comincerà da subito a formare dei cerchi con il suo apice perché ha agito su di essa un impatto esterno.

La terra, come abbiamo visto nei capitoli precedenti, si muove proprio come una trottola perenne e dall'impatto con un corpo esterno di notevoli dimensioni può scaturire una variazione dell'asse terrestre di diversi anni con conseguenze climatiche catastrofiche e variazioni della temperatura molto rilevanti.

In questo caso un innalzamento così spropositato delle acque è da imputare soltanto alla fine dell'era glaciale e questo vuol dire solo che esisteva una civiltà in un continente chiamato Atlantide già durante l'era glaciale: più di trecentomila anni fa.

Poiché nessun uomo trecentomila anni fa sarebbe stato in grado di ergere una città come Atlantide, allora chi è stato a costruirla?

Ecco quindi che la teoria che altri esseri terrestri si siano evoluti prima dell'uomo, costruendo una civiltà e convivendo in un posto chiamato Atlantide, trova una logica conseguenza.

E nel momento in cui si è avuto l'inabissamento di Atlantide, qualcuno è riuscito a scampare, trasferendo il sapere agli uomini, altri potrebbero essere comunque sfuggiti per andare altrove.

Capitolo 8 – I veicoli degli antichi: arche o Vimana?

Seppur la scienza ufficiale, non riconoscerà mai il diluvio come un fatto storico realmente avvenuto, dovrebbe almeno ammettere che ad uno scioglimento dei ghiacci, alla fine dell'era glaciale, corrisponde un innalzamento del livello del mare e, ad un innalzamento del livello del mare, corrisponde che chiunque con un po' di sale in zucca, avrebbe pensato di costruire almeno una zattera.

Può sembrare assurda l'idea che milioni di anni fa, qualcuno abbia potuto costruire qualche cosa di così grande come un'arca, eppure, se ragioniamo in questi termini, possiamo ritenere altrettanto assurdo, costruire qualche cosa di così grande come la piramide. Invece, a dispetto di qualunque assurdità, esattamente come la piramide é lì perché qualcuno ha ordinato di costruirla, apparentemente senza nessuna utilità per la comunità e soltanto per l'unico interesse per il re di avere una tomba, possiamo ipotizzare una controtendenza nell'interesse della comunità e che qualcuno abbia costruito una nave, un imbarcazione o un veicolo per mettere in salvo le proprie greggi, e tutto il suo popolo.

E se questo veicolo su cui mettere in salvo tutto il popolo e le greggi fosse un Vimana?

Allora la faccenda si farebbe ancor più interessante.

Cosa é un Vimana?

Nei Purana, Nei Ramayana ed in particolare nei Veda, con questa parola, si indicano dei veicoli capaci, non solo di muoversi sulla terra e nell'acqua, ma anche di immergersi sott'acqua e di volare e nei cieli e nello spazio.

Sottomarini, aerei e persino astronavi dunque! Il primo, riconosciuto dalla storia, a parlare di sottomarini é Giovanni Alfonzo Borelli nella sua opera "De motu animalium" del 1680 e il suo sviluppo ha avuto impulso a partire dal 1850; mentre il primo aereo é del 1903 ad opera dei fratelli Wright e in quanto alle astronavi siamo molto lontani da qualche cosa del genere.

Se comunque i primi sono un'invenzione così tarda nella storia e se per l'ultimo non ci siamo nemmeno ancora arrivati, che ci fanno in testi così antichi? Possibile che dei Testi Sacri parlino di oggetti non ancora inventati? Di oggetti inesistenti e quindi fuori dal tempo?
Ma se proprio gli extraterrestri fossero di origine terrestre? Guardando il modo in cui vengono rappresentati molti alieni, il loro è un aspetto molto simile ai li dacosapiens e ai saurosapiens di cui abbiamo parlato fin'ora.

Nel 1875, venne scoperto un antico manoscritto del IV sec. a.C. composto dal saggio Bharadwaja che si basava sicuramente su testi di epoca vedica, il Vymaanika-Shastra o Scienza dell'Aeronautica, che riporta in dettaglio la costruzione e le caratteristiche di volo di un Vimana, il quale si differenzia in quattro modelli principali dalle diverse funzioni: Shakuna, Sundara, Rukma e Tripura. I disegni che emergono in base alle descrizioni mostrano autentiche navi spaziali.
Il testo contiene in apertura questa affermazione:

"Gli esperti in scienza aeronautica dicono: 'Ciò che può volare da un posto all'altro è un Vimana, ciò che può volare nell'aria è un Vimana, ciò che può volare da un'isola ad un'altra isola è un Vimana e ciò che può volare da un mondo ad un altro mondo è un Vimana'".

La possibilità di raggiungere altri pianeti nel cosmo era normale a quei tempi, risultato di una scienza elevata che esplorava i confini del sistema solare e asseriva l'abitabilità di Mercurio, Venere, Marte, Giove, Saturno, il Sole e la Luna. Una carta stellare del 4.000 a.C., appartenuta allo studioso David Davenport, mostra i contatti tra la Terra e altri sistemi stellari lontanissimi, patria di civiltà evolute. Gli stessi yogi, potenziando la mente, varcano sconosciuti regni sovradimensionali.

Il Vymaanika–Shastra, dopo aver fornito istruzioni sull'equipaggiamento e la dieta dei piloti simile a quella degli astronauti, prosegue elencando trentadue segreti che gli stessi devono adottare in volo, il più importante dei quali il trasferimento di poteri spirituali latenti nell'uomo alla macchina stessa. Seguono: invisibilità, alterazione della forma, velocità ipersonica, radar, telecamere spia e apparati di rilevamento sonoro, raggi infrarossi, creazione di ologrammi per confondere i nemici, concentrazione della luce solare su vaste zone, oscurità temporanea, armi ultrasoniche e batteriologiche. Poche le differenze con gli odierni velivoli spia.

Praticamente un testo di fantascienza a tutti gli effetti? E se non fosse solo fantascienza, se effettivamente gli antichi avessero trovato un modo per viaggiare con le astronavi?

I Vymaanika–Shastra non è l'unica opera in circolazione sui Vimana; nella letteratura indiana, la quasi totalità dei Testi Sacri ne fa menzione, dai quattro Veda, ai Brahmana, allo Srimad–Bhagavatam sino a comparire in numerosi trattati di varia natura, classificati come cronache documentate. Tra questi, il Samarangana Sutradhara stabilisce che le aeronavi disponevano di una propulsione a mercurio e potevano muoversi anche grazie al suono.

Il Drona Parva, una parte del più ampio Mahabharata, ce ne illustra le modalità: "La Mente divenne il suolo che sosteneva quel Vimana, la Parola divenne il binario sul quale voleva procedere... la sillaba OM piazzata davanti a

quel carro lo rendeva straordinariamente bello. Quando si mosse, il suo rombo riempì tutti i punti della bussola".
La necessità di tenere nascoste ai profani le vie del cielo per il bene dell'umanità fu il proposito di re Ashoka, imperatore buddhista della dinastia Maurya vissuto in India dal 304 al 232 a.C. Egli creò la "Società Segreta dei Nove Sconosciuti" con il compito di catalogare la scienza del tempo in nove libri, tra cui i segreti della gravitazione, custodito in luoghi remoti dell'Asia. Diversi anni fa i Cinesi rinvennero antichi documenti sanscriti che trattavano dell'energia antigravità presente nell'uomo capace di far levitare ogni cosa.
I veicoli interstellari chiamati "Astras", avevano la facoltà di rendersi invisibili grazie all'energia antima e di operare deviazioni nello spazio–tempo tramite la facoltà di "diventare pesanti come una montagna di piombo". Notiamo che "astra" in lingua latina è il plurale di stella, mentre antima ha dato origine ad antimateria, etimologicamente un'energia composta interamente di antiparticelle. Una simile conoscenza era interamente opera umana o scaturiva dalle profondità celesti, perfettamente note agli scienziati indù?
La forma aerodinamica degli apparecchi spinse ad innalzare meravigliose strutture sacre di forma piramidale, vimana per i seguaci del tantrismo, ancor oggi visibili in tutta l'India, che indicano il tempio del dio in movimento.
Dunque, anche la stessa piramide potrebbe essere la rappresentazione del Dio in movimento? Non so perché ma questo mi fa pensare al film Stargate (tra l'altro è uno dei miei film preferiti). Ma io mi sono spinto a pèensare ancor di più: **<u>e se proprio la piramide fosse un vimana?</u>**
Questo magari lo vedremo più avanti, ma dagli scritti emerge che varie razze di divinità, costantemente in contatto con i monarchi indiani, assistevano ai sacrifici rituali spandendo fiori dai loro vimana, e riprendevano al termine la via del cielo.

Arjuna, leggendario eroe vedico amico di Krishna, parla nei suoi viaggi interplanetari di lontane regioni ove non brillano Sole e Luna, ma stelle fulgenti piccolissime se osservate dal pianeta azzurro. Il re Citaketu viaggiava nello spazio su un veicolo luminoso donatogli dal dio Vishnu e si imbatte in Siva, che scompare velocemente alla vista nella sua astronave.

Il Mahabharata descrive un utilizzo tattico dei vimana in guerre campali, con il lancio di proiettili sfolgoranti che vaporizzano le creature seminando il panico e narra le vicende del monarca Salva che, desideroso di annientare la città di Krishna, ottiene dall'architetto di un altro sistema planetario un portentoso vimana. Il re bombarda inizialmente dall'alto la cittadella con sassi e tronchi d'albero, e utilizza in seguito un'arma capace di manipolare le condizioni atmosferiche, ma alla fine Krishna otterrà la sua vittoria fronteggiando in cielo Salva grazie a un missile ad ultrasuoni che uccide all'istante. L'episodio svela che l'uomo, debitamente istruito, era pur sempre impotente di fronte a una simile tecnologia, appannaggio degli dèi, che portò millenni prima al trionfo del glorioso Impero Rama, in una terribile guerra stellare ricordata nel Ramayana di Valmiki.

Il celebre poema epico indiano della vittoria di Rama, narra la storia di questa settima incarnazione del dio Visnhu, che prende in sposa la principessa Sita e stabilisce un vasto impero tra Iran e Afghanistan, noto nei testi classici come "Le sette città dei Rishi". Rama parta per liberare una donna, con l'aiuto di Hanuman, che il malvagio Ravana, re di Lanka ha rapito e, dopo averla salvata, rade al suolo la città. Storicamente esistette una dinastia Ravana che regnò a Lanka per quattrocento anni, delineandosi in tal modo uno scenario che ispirò il successivo racconto dell'Iliade di Omero, ove due imperi combattono a causa di una donna. Quello che interessa è il frequente ricorso nel poema a macchine volanti equipaggiate con armi incredibili, che sino all'ultimo decidono le sorti della battaglia.

Nel quindicesimo capitolo compare il Pushpaka Vimana, enorme aeronave dorata appartenuta a Brahma, che Ravana sottrae al fratello e guida con l'aiuto di uno strano essere umanoide. In cielo guerreggia con una schiera di astronavi nemiche lanciando missili, giunge a Lanka e Rama vincitore si impossessa del velivolo che lo condurrà infine nella residenza paterna. Durante la traversata, Rama illustra a Sita i luoghi dello scontro, indicando Lanka dimora dei titani, nome di una razza che tornerà utile nel corso della nostra ricerca. Lanka, in dravidico antico "isola", viene descritta come un baluardo circondato d'acqua oltre un'oceano vastissimo, particolare che ha suggerito agli studiosi David Davenport ed Ettore Vincenti l'identificazione con l'opulenta Mohenjo Daro, in Pakistan. Lanka era bagnata dal fiume Indo più volte definito oceano e confinava a sud–est con l'impero di Rama. Se i dati geografici corrispondono sconvolgendo, sono ancor più sconvolgenti le scoperte archeologiche.

La nascita di Mohenjo Daro sembra avvenire dal nulla. Fiorente metropoli che contava trentamila abitanti, era progettata secondo un moderno schema architettonico a griglia e vantava un eccellente sistema di fognature, nonché un enorme piscina. Il suo nome, "luogo della morte", deriva dal ritrovamento di quarantaquattro scheletri in vari quartieri della città, quando venne intrapresa un'esplorazione sistematica delle sue rovine da Sir Mortimer Wheeler nel 1945.

Gli scheletri, sparsi in un'area precisa della metropoli, giacevano scomposti con le membra contorte, segno che la morte li ha colti all'improvviso. L'attacco da parte di tribù ariane, mito letterario creato dal nulla, non sussiste, poiché non vi sono armi accanto ai corpi e soprattutto le ossa presentano strane carbonizzazioni e calcinazioni, dovuto agli effetti di un'esplosione nucleare. **Soltanto una bomba**

a fusione è in grado di provocare simili devastazioni, con un epicentro da cui irradia l'onda d'urto che viene a creare sull'area colpita tre zone distinte, come a Mohenjo Daro. Il Survey of India (Istituto di Cronologia) ha sinora individuato le date di alcune battaglie cruciali in base ai riferimenti astrologici dei Veda, effettuando una comparazione sui reperti archeologici della Valle dell'Indo. Nel caso di Mohenjo Daro, gli esperti hanno riscontrato un salto di oltre quattrocento anni rispetto alla cronologia accertata, suggerendo una contaminazione nucleare dei resti organici. Davenport e Vincenti hanno rinvenuto lontano dagli scavi archeologici una piana con oggetti d'uso comune vetrificati, che ad un'attenta analisi risultavano irradiati dall'Uranio del Plutonio e del Potassio 40 a livelli fuori della norma.

Prove sufficienti ad avvalorare un'antica guerra tra esseri stellari, che impressionarono la memoria dei nativi. Un manufatto di pietra scolpita mostra un casco con visiera sottile totalmente differente dagli elmi allora in uso e più vicino a quello di un pilota, mentre il Palazzo del Governatore cinge un ampio cortile che un tempo aveva ospitato, forse, il Pushpaka Vimana. Senza contare che un quarto soltanto della città è stato sinora riportato alla luce; ma i riscontri non finiscono qui.

Secondo le antiche leggende, i signori del cielo irati con Lanka polverizzarono sette città con una luce che brillava come mille Soli ed emanava il rombo di diecimila tuoni. Nel Ramayana, il saggio Rishi avverte gli abitanti del suo eremo di scappare lontano dal Gran Deserto del Thar, poiché di lì a sette giorni una pioggia di ceneri avrebbe messo fine al regno di Danda, cognato di Ravana. Gli scheletri ritrovati a Mohenjo Daro sono in numero esiguo rispetto alla totalità degli abitanti, fuggiti di colpo per evitare la purificazione celeste. Scienza e mitologia si fondono e ancora un volta gli antichi testi confermano le odierne scoperte.

Ma una guerra atomica a bordo dei vimana è un episodio circoscritto alla sola India? Alcune caverne in Turkestan e nel deserto del Gobi contenevano dispositivi semisferici di vetro e porcellana con un'estremità conica ripiena di mercurio, che gli scienziati sovietici hanno definito "antichi strumenti per la guida di veicoli cosmici". Resti di remote metropoli vetrificate giacciono, poi, tra le sabbie del Gobi che un tempo era patria di civiltà evolute scese a formare l'uomo. Furono loro a governare Atlantide, che aveva in dotazione un Vimana–Vailixi adoperato per una battaglia sulla Luna. Le Stanze di Dzyan, testo occulto del Tibet, narra che il Grande Re dal Volto Abbagliante ipnotizzò i Signori Oscuri conscio della distruzione di Atlantide e si impadronì con il suo popolo dei vimana nemici, per raggiungere terre lontane.

Nelle città sotterranee di Akakor, in Brasile, esistono strane mappe su cui appaiono il sistema solare con diverse lune, due isole nell'Atlantico e nel Pacifico inabissatesi a causa di uno scontro nel cielo tra due razze stellari.

Gli Indiani Hopi del Nordamerica ricordano nei loro miti il Terzo Mondo popolato da uomini che con i patuwwota (scudi di cuoio) si mossero guerra annientando la civiltà. Nell'ovest degli USA esistono numerose rovine consumate dalle radiazioni nucleari a perenne memoria. Gli edifici delle Sette Cidades, vicino al Rio Longe, presentano tracce di cristallizzazione che assomigliano a quelle di Sacsayhuaman, in Perù, distribuite in un'area di 15.000 m2.

Sul Monte Rano–Kao, nell'Isola di Pasqua, si trova una grande spaccatura segno di un intenso calore che ha fuso l'ossidiana sul terreno e ha lasciato un cratere circolare poco distante. Incisioni di legno mostrano individui stravolti colpiti da forti radiazioni.

Anche il Medioriente conserva testimonianze di sviluppi tecnologici avanzati. Le Halkatha, vecchie leggi babilonesi, recitano: "Guidare una macchina volante è un grande privilegio. La conoscenza del volo è estremamente antica, un dono degli dèi del passato per sopravvivere". Un testo caldeo, il Sifr'ala, descrive minuziosamente le parti costruttive di un aereo quali bobine di rame, sfere vibratorie e aste di grafite soffermandosi sull'aerodinamicità del veicolo. Il resoconto più famoso del Medioriente di un antico volo nel cosmo vede protagonista il re antidiluviano di nome Etana che a bordo di un'aquila scompare nel cielo e osserva dall'alto la Terra diventare sempre più piccola.

Preziosi per una comparazione con l'epica indiana sono le cronache sumere di una guerra furiosa scoppiata tra fazioni opposte di dèi per il possesso delle Terra, che provoca un vento radioattivo dalla Penisola del Sinai, cosparsa ancor oggi di pietre annerite. Molti ricorderanno il reperto di Toprakkale, conservato al Museo Topkapi di Istanbul, che raffigura una sorta di shuttle guidato da un individuo in tuta spaziale, chiara conferma di remota tecnologia operante in area mesopotamica.

Dalla vicina penisola arabica, la mitologia indiana giunse sino in Grecia, dimora di un pantheon assortito al cui apice regnava Zeus. Il nome deriva dal sanscrito Dyaush–Ptr, che ha originato il corrispondente latino Giove Padre, in seguito relegato a semplice aiutante del tonante Indra. Zeus era descritto come potente divinità che scagliava fulmini, eco lontana di armi tremende adoperate nella guerra decennale che lo oppose alla razza semidivina dei Titani: "Allora Zeus... dal Cielo scagliò i suoi dardi infuocati. I fulmini che lanciò erano potenti di rumore e di luce... I Titani nati dalla Terra furono avvolti da un bruciante vapore. Innumerevoli fiamme salirono sino al chiaro etere. Lo splendore delle pietre dei fulmini e dei lampi accecava gli occhi anche dei più forti". Queste le ultime testimonianze del conflitto piovuto dal cielo, opera di esseri dalle fattezze umane, venerati dai nostri progenitori come dèi. Il tempo cancellò il ricordo delle loro imprese e il silenziò calò sulla tecnologia aeronautica, nata per valicare i confini del cosmo. I carri celesti disparvero dalla Terra, lasciando a pochi eletti il dominio dei cieli.

A questo punto la domanda viene da sola: vista la grande quantità di volte in cui i Vimana vengono citati nei Testi Sacri, essi sono solo oggetti della fantasia o si tratta invece di oggetti ben conosciuti e realmente esistiti millenni fa?
La risposta che mi sono dato a questa domanda, potrebbe risultare assurda e molto fantasiosa, ma sono giunto a pensare che i popoli che abitavano Atlantide, non si siano solo limitati a costruire navi capaci di raggiungere terre emerse, ma anche navi capaci di raggiungere altre "terre" galleggianti e fluttuanti nel cosmo grazie alle forze che regolano l'universo, ovverosia altri pianeti.
Quali?
Per rispondere a questa domanda, possiamo rivolgere sia lo sguardo verso l'alto, al di sopra delle nostre teste, sia verso il basso, al di sotto dei nostri piedi; si, esattamente sotto i nostri piedi.
Ma di questo mi occuperò un'altra volta, in questo trattato ho intenzione di svelare alcuni tipi di energie che gli antichi forse conoscevano e hanno sfruttato per raggiungere altri pianeti e ritornare di tanto in tanto.

Capitolo 9 – Dei? Angeli? O alieni? Sapiens.
In ogni cultura in ogni parte del mondo, esistono riferimenti a degli esseri che, con conoscenze superiori in poco tempo riescono a porsi a capo delle comunità locali ed in ognuna delle apparizioni di questi esseri esistono delle similitudini: sono tutti sfuggiti da un cataclisma, giungono da altre terre, sono dotati di conoscenze agricole, architettoniche, legislative e astronomiche e in quasi tutti i casi **ripartono promettendo di ritornare.**
L'ultima coincidenza mi ha davvero stupito e ho cominciato a pensare che degli esseri sapiens erano fuggiti dal nostro pianeta verso altri pianeti o galassie
Inoltre, la promessa del ritorno trova molti riferimenti e l'apparizione di questi esseri ci ha fatto credere di avere a che fare con Dei o Angeli e negli ultimi tempi Alieni.
Certo vedere qualcuno che scende dal cielo e che usa dei marchingegni per volare, apparire o sparire a suo piacimento, non può essere ritenuto altro se non un Dio o un Angelo o, per rendere più attuale questo nome, un Alieno.
Questa supposizione l'ho immaginata dopo che ho notato in diversi testi antichi tre parole che si ripetono per definire in modo identico, l'apparizione di esseri alati o comunque di esseri in grado di volare che scendono dall'alto, o per meglio dire discendono.
È infatti il ripetersi delle parole "Disceso dal cielo" in qualunque testo antico di apparizioni di Angeli e Dei che fa proprio pensare a qualcuno che scende dal cielo con un veicolo o in qualche altro modo.
L'apparizione di Angeli è citata diverse volte nella Bibbia (Esodo 3,2 - Giudici 13,3 - Matteo 1,20 - Matteo 2,13 - Matteo 2,19 - Luca 1,11 - Luca 22,43 - Atti 7,30), ma esiste anche un passo che è stato già citato in precedenza in questo libro che sulla Bibbia è scritto in questo modo:

(Genesi 6/1-4) Quando gli uomini cominciarono a moltiplicarsi sulla terra e nacquero loro figlie, i figli di Dio videro che le figlie degli uomini erano belle e ne presero per mogli quante ne vollero. Allora il Signore disse: «Il mio spirito non resterà sempre nell'uomo, perché egli è carne e la sua vita sarà di centoventi anni». C'erano sulla terra i giganti a quei tempi - e anche dopo - quando i figli di Dio si univano alle figlie degli uomini e queste partorivano loro dei figli: sono questi gli eroi dell'antichità, uomini famosi.

Ma che invece nel Libro Degli Angeli contenuto all'interno del Libro di Enoch, tradotto in italiano da Mario Pincherle nei suoi libri, ha tutt'altra forma.

[12](Capitolo 6) [1]E ciò avvenne quando i figli degli uomini si moltiplicarono, quelli che in quei giorni vennero alla luce. Fra di loro erano belle e seducenti figlie. [2]E gli angeli, figli del cielo, le videro e le desiderarono e dissero tra loro: "Andiamo, scegliamoci delle mogli fra le figlie degli uomini che ci partoriranno dei figli". [3]E Semyaza, che era il capo, disse loro: "Io temo che voi non siate concordi per compiere questa azione e io dovrò pagare la pena di un grande peccato" [4]E tutti gli risposero e dissero: "Facciamo un giuramento e leghiamoci tutti con imprecazioni comuni". [5]Tutti insieme prestarono il giuramento e si legarono l'un l'altro con mutue imprecazioni. [6]E in tutto essi erano duecento. Scesero, nei giorni di jared, sulla cima del monte Hermon e lo chiamarono monte Hermon perché avevano giurato legandosi con imprecazioni sopra di esso. [7]E questi sono i nomi dei loro capi: Semyaza, il loro capo, e Arachiel, Rameel, Kikariel, Tamiel, Ramiel, Danelet, Ezechiel, Barachiel,

---

Questo testo lascia l'immagine di angeli che non solo sono discesi sulla terra, ma che hanno anche generato dei figli con gli esseri umani lasciando loro un sapere.

Questo mi ricorda tantissimo l'immagine dei Dei antichi in varie civiltà terrestri di diverse latitudini che lasciano una conoscenza, inoltre esiste traccia di Dei che si sono uniti in matrimonio generando dei figli con donne terrene, in ogni religione e testo sia mitologico sia Sacro.

Ma vi è anche una strana coincidenza tra Dei ed Angeli e questa sta nel fatto che ad ogni incontro di un Dio con una donna, nasce sempre un figlio e allo stesso identico modo, ad ogni incontro di un angelo con una donna nasce un figlio.

Non può essere solo pura coincidenza, soprattutto se questi figli poi risultano sempre essere speciali: a volte possono essere giganti, altre volte hanno una grande forza, altre volte diventano eroi, ed in altre ancora sono dei profeti.

Naturalmente dall'unione di un essere che si è evoluto molto prima di un uomo e che quindi ha un patrimonio genetico molto più ampio di quello umano e un umano, deve per forza nascere qualche cosa di straordinario.

Ma non è solo questo il motivo per cui abbiamo ritenuto questi esseri Angeli o Dei, infatti noi li abbiamo visti in questo modo, un po' per l'aspetto strano, molto più simile ad animali che ad esseri umani e un po' anche per la facoltà di volare o comunque di "discendere" da una astronave o apparire dal nulla.

Certo, se in questo momento rubassi un aereo militare con bombe e tornassi indietro nel tempo all'epoca di Atene, aiutando gli ateniesi in qualche battaglia, credo che penserebbero che mi abbia mandato Zeus ad aiutarli e che io sia figlio di Zeus.

In realtà sappiamo benissimo che un pilota da caccia non è un Dio, ma in un contesto come quello di Atene, dove al massimo ci sono i carri trainati da i buoi, vedere qualche cosa volare e quindi "discendere dal cielo" sarebbe una prerogativa di un Dio e chiunque pilotasse qualche cosa di simile ad un caccia verrebbe ritenuto come tale.

Non voglio approfondire l'argomento, o almeno non è il momento, sta di fatto che Dei, Angeli e Alieni, sono la stessa casa e hanno potuto lasciare questo pianeta e ritornarci di tanto in tanto attraverso l'uso di tipi particolari di energia che vedremo di seguito.

Capitolo 10 – Le energie degli antichi.
Ricordo con simpatia un pomeriggio di anni fa, nel quale avevo cominciato a parlare di universo e atomi e per scherzo avevo associato le due cose. E allora avevo detto: "Prendiamo ad esempio il nostro sistema solare e un atomo! Hanno entrambe un nucleo che nel sistema solare é rappresentato dal sole e nell'atomo é rappresentato da protoni e neutroni legati insieme! Attorno a questo nucleo girano degli oggetti che nel sistema solare sono rappresentati dai pianeti, mentre nell'atomo sono gli elettroni! I pianeti, girando intorno al sole, delineano delle orbite a forma di ellisse di cui il sole é uno dei 'fuochi' e anche nell'atomo gli elettroni descrivono delle orbite a forma di ellisse! Ci manca solo che uno degli elettroni sia abitato da esseri intelligenti esattamente come nel sistema solare la terra é abitata dall'uomo e poi siamo ad una similitudine totale! Ti immagini se un giorno un ricercatore ingrandisce talmente tanto il microscopio che si ritrova a osservare un esserino che sta scrutando i cieli con il microscopio? E ti immagini se un astronomo ingrandisce talmente tanto il telescopio e si ritrova a guardare un essere gigante che lo guarda con il microscopio?"
Naturalmente, all'epoca feci una grassissima risata dopo aver detto questa cosa che a prima vista sembra ujna cavolata, ma poi con il tempo, studiando Halley ed Einstein e mettendoli insieme tra loro, ho capito che quel giorno non ero andato così lontano dalla verità.
Nel 1962 Edmund Halley, nell'opera Philosophical Transactions of Royal Society of London, propose l'idea che la Terra fosse formata da un guscio esterno spesso 800 km, con due altri gusci interni concentrici e un nocciolo interno. Questi gusci sarebbero separati da atmosfera, ogni guscio avrebbe i propri poli magnetici e i vari gusci ruoterebbero a velocità differenti.
Sebbene è a lui che gli si imputa la teoria della "terra cava", tale teoria fu postulata molto prima da Eulero, ma

non è questo l'argomento di cui voglio occuparmi, bensì voglio legare la teoria della terra cava alle teorie di Einstein.

Nella teoria della relatività, Einstein spiega, in parole povere, che i pesi e le misure sono relative a chi vive una determinata cosa e poi racchiude questo concetto con la sua famosa frase: "Se prendete un uomo e lo mettete su una stufa per cinque minuti, gli sembrerà che sia passata mezz'ora, ma se prendete lo stesso uomo e lo mettete in compagnia di una donna per mezz'ora, gli sembrerà che siano passati solo cinque minuti."

In effetti noi misuriamo tutto tramite un nostro sistema: ci siamo inventati il metro, il chilo, il litro, per uniformarci e avere un cosiddetto "standard", ma un chilo, per un culturista, sembra essere un grammo, ma per un anziana signora, sembrerà una tonnellata.

Lo stesso principio vale anche per le dimensioni: sappiamo che il nostro sistema solare è largo milioni di chilometri, che la galassia è enorme e l'universo infinito; sappiamo che la luce del sole ci mette un certo quantitativo di secondi per giungere a noi e sappiamo tante altre cose in relazione ad un sistema metrico decimale e di ore, minuti e giorni, che abbiamo ricavato secondo le nostre dimensioni, e il tempo di rotazione della terra, ma pensa se fossimo su Marte.

Se fossimo su Marte, il pianeta ci metterebbe comunque un anno per fare un giro completo intorno al sole, ci metterebbe comunque un giorno per fare un giro intorno a se stesso e avremmo sicuramente dei pesi e delle misure standard, ma sempre in relazione a noi o in relazione a qualcosa.

Questo significa che un universo può essere grosso milioni di chilometri, ma può essere anche grande solo due millimetri.

Questa teoria vale in tutti i sensi ovvero: un universo intero potrebbe essere contenuto sulla punta di una matita, o su una punta di una penna o, perché no, anche all'interno di un altro pianeta, persino all'interno di un atomo, o addirittura all'interno di un neutrone o di un protone o di un elettrone.

Ma non solo: la stessa energia di un intero universo, potrebbe essere contenuta sulla punta di una matita, o su una punta di una penna o, perché no, anche all'interno di un altro pianeta, persino all'interno di un atomo, o addirittura all'interno di un neutrone o di un protone o di un elettrone.

Per questo motivo, **una piccolissima quantità di materia, può essere usata per generare una grossissima quantità di energia** come nel caso dell'energia atomica.

È possibile anche trasformare un energia esistente per produrre una energia elettrica, come nel caso dell'energia potenziale di un fiume che mette in moto le turbine di una diga per produrre energia

Io sono arrivato a pensare che gli antichi popoli della terra, avessero scoperto quattro tipi di energia, che usati insieme, avrebbero permesso sia di costruire templi complicati, sia di costruire manovrare e far spostare astronavi come i vimana e queste sono l'energia dei fulmini, l'energia sonica, l'energia magnetica e l'energia del pensiero.

Procedendo con ordine partiamo dall'energia dei fulmini.

Nel 1875 vicino Tebe, e precisamente nel tempio di Dendera, furono scoperti dei geroglifici che raffiguravano una specie di lampada e dal quel momento questi geroglifici sono noti con il nome di "lampade di Dendera".

In questo geroglifico si trovano raffigurati alcuni sacerdoti del tempio nell'atto intenti a tenere sulla testa un oggetto a che dagli archeologi ufficiali è stato riconosciuto come la rappresentazione di un fiore di loto. Il gambo del fiore di loto, somiglia molto di più ad un cavo elettrico e il fiore è incredibilmente identico al tubo di Crooks.

La cosa sorprendente che il tubo di Crooks, emette raggi x e nel geroglifico, proprio nel punto stesso in cui dal tubo di Crooks escono i raggi x, vi è un Dio con in mano due pugnali che nell'antichità egiziana, significava pericolo.

Sempre all'interno di questo geroglifico, questa lampada o questo fiore di loto è appoggiata su un sostegno, riconosciuto dagli studiosi come la colonna dorsale del Dio Osiride e che tutti chiamano Zed o Djed.

Dello Zed è stato scritto molto e da questi scritti si evince che esso non è solamente un simbolo ma una torre messianica realmente esistita nell'antichità. Era costruita con enormi blocchi di granito posizionati lungo la torre su diversi livelli orizzontali: ogni livello rappresentava la discesa sulla terra di un messia che, a intervalli di tempo di circa tremila anni, veniva in soccorso dell'umanità nei periodi di grande difficoltà. I messia che corrispondono ai primi due livelli si perdono nella notte dei tempi, oltre dodicimila anni fa; il terzo livello è riferito a Krisna, il quarto a Osiride e il quinto a Gesù. Infatti, gli Zed anteriori al culto di Osiride hanno solo 3 livelli mentre quelli successivi ne hanno 4. Ne esistono anche a 5 livelli, se realizzati dopo la venuta di Gesù.

Lo Zed è presente all'interno della piramide, apparentemente senza nessuna funzione, fino a che l'ingegnere Mario Pincherle avanzò l'ipotesi che lo zed fu smontato pezzo per pezzo e nascosto all'interno della piramide, forse a causa di una imminente catastrofe e che il tutto fu scritto nel libro di Enoch

(13)*"Vidi una moltitudine di carri e un uomo che cavalcava dietro di essi. I pilastri della terra furono smontati uno per uno e spostati dal loro posto e lo strepitio fu sentito da un capo all'altro della terra e dopo io giunsi in un altro posto, nel lontano ovest dove mi fu mostrata un'altra torre di granito ed in questa*

---

13 Dal primo libro di Enoch

torre vi erano quattro cripte vuote, scure, ampie, basse e ben levigate, ma solo tre di esse erano buie, perché una di esse era illuminata e vi era in essa, proprio nel mezzo, una vasca.

Incredibile la coincidenza con la descrizione della piramidi di Keope, ma sempre nel libro di Enoch citato da Pincherle vi sono altre righe interessanti.

"Verrà il giorno in cui la torre renderà ciò che le è stato affidato, la piramide salterà come un ariete e allora terminerà la triste età del ferro."

In queste righe, in pratica è scritto che la piramide salterà in aria rivelando il vero motivo per la quale è stata costruita, e quale sarebbe questo motivo? Mostrare che al suo interno c'è un'altra torre, ossia lo Zed con una funzione ben precisa? E se così fosse, allora quale sarebbe la funzione dello Zed?

Sono state elaborate le più disparate ipotesi e teorie su libri, riviste e documentari tv di oggetti somiglianti allo Zed ed è sorprendente come in ognuna delle ipotesi fatte, lo Zed sia perfettamente identico.

Anche io ho fatto delle ipotesi di somiglianza con lo Zed e ho ipotizzato dalla pila di Volta, alle resistenze elettriche; dai tralicci per il trasporto dell'alta tensione, fino alle antenne radio e dalle bobine ad avvolgimento fino alla bobina di Tesla, ma di tutte queste similitudini, due mi hanno particolarmente colpito: la pila di Volta e la bobina di Tesla.

Zed	Pila di Volta	Bobina di Tesla

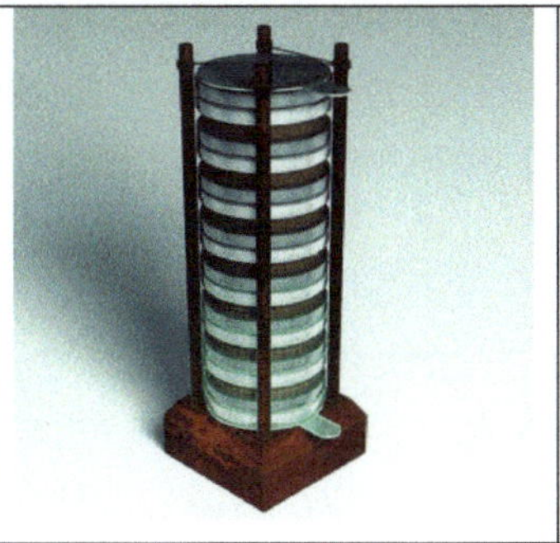

La pila di Volta è costituita fondamentalmente da una colonna di più elementi simili sovrapposti, ciascuno dei quali consiste in un disco di argento sovrapposto ad uno di zinco, uniti attraverso uno strato intermedio di feltro imbevuto in acqua salata o acidulata.

Volta: "Mi procuro qualche dozzina di piccole piastre tonde o dischi di rame, di ottone o meglio di argento, su per giù di un pollice di diametro… e un numero uguale di dischi di stagno, o molto meglio di zinco della medesima forma e della stessa grandezza, dico all'incirca perché non è richiesta rigorosa precisione: tanto la grandezza che la forma sono arbitrarie, ma dobbiamo fare attenzione che si possano disporre comodamente gli uni sugli altri, in forma di colonna. Inoltre preparo un gran numero di dischetti di cartone, o di pelle, o di qualsiasi altro materiale spugnoso capace di assorbire e di ritenere acqua o altro liquido e rimanerne imbevuto.

Avendo tutti questi pezzi in buono stato, i dischi metallici ben collocati e secchi, e quelli non metallici ben inzuppati di semplice acqua, o, molto meglio, di acqua salata, asciugato il tutto quanto basti perché non sgoccioli, non rimane che disporli adeguatamente e la disposizione è semplice.

Dispongo dunque orizzontalmente come base qualunque tavolo e su di esso un piatto metallico, ad

La bobina di Tesla, nata per trasmettere l'energia attraverso l'etere senza cavi o fili, è in grado produrre correnti elettrice ad altissima tensione fino a creare dei veri e propri fulmini.

Tesla: "Mi chiamarono pazzo nel 1896 quando annunciai la scoperta di raggi cosmici. Ripetutamente si presero gioco di me e poi, anni dopo, hanno visto che avevo ragione.
Ora presumo che la storia si ripeterà quando affermo che ho scoperto una fonte di energia finora sconosciuta, un' energia senza limiti, che può essere incanalata."

Nel 1881, Tesla, mentre lavora come disegnatore e progettista all'Engineering Department del Central Telegraph Office, inizia ad elaborare il concetto della rotazione del campo magnetico e nel 1883 egli dà vita al primo motore a induzione di corrente alternata, che ancora oggi è usato per la fornitura di energia elettrica e un anno dopo progettò quella che fu chiamata la bobina di Tesla.
Nel maggio del 1885, il magnate Westinghouse acquistò i brevetti di Tesla ed i compensi pattuiti furono così alti che se la Westinghouse avesse dovuto pagarli, si sarebbe trovata in serie difficoltà rispetto alla concorrenza, ma tesla

rinunciò a tutti i diritti per amore della scienza e della ricerca.

> Tesla: *"L'Uomo di Scienza non mira ad un risultato immediato. Egli non si aspetta che idee avanzate siano immediatamente accettate… Il suo dovere è fissare i principi fondamentali per quelli destinati a venire dopo e indicare la strada!"*

Nel maggio del 1899, si recò a Colorado Springs dove istallò un laboratorio e scoprì che la zona dell'atmosfera terrestre posta a ottanta chilometri dal suolo, è fortemente conduttrice, e quindi può essere sfruttata per trasportare energia elettrica verso lunghe distanze, ma era necessario risolvere il problema di come inviare segnali elettrici ad una tale altitudine

Egli istallò nel proprio laboratorio un'enorme bobina che aveva lo scopo di mandare impulsi elettrici, così da permettere il trasferimento di energia elettrica a lampadine poste a una notevole distanza.

Ritornando a New York, Tesla scrisse un articolo di respiro futuristico sul Century Magazine sulle sue ricerche, proponendo un "sistema mondiale di comunicazione" utile per comunicare telefonicamente, trasmettere notizie, musica, andamento dei titoli azionari, informazioni di carattere militare o privato senza la necessità, di ricorrere ai fili.

L'articolo catturò l'attenzione di un altro magnate dell'epoca, J. P. Morgan che offrì un finanziamento per costruire tale stazione trasmittente.

Tesla si mise subito al lavoro, procedendo alla costruzione di una torre altissima nelle scogliere di Wanderclyffe, Long Island, New York che consisteva in una struttura in legno ed era impiantata nel terreno grazie a dei tubi di ferro, conduttori di energia elettrica, alla cui sommità si trovava una sfera di acciaio.

Lo scopo vero di questa torre, era di trasmettere, non le informazioni, ma l'energia senza l'ausilio di cavi o fili, ma Tesla non lo rivelò mai e quando il 12 Dicembre 1901 Guglielmo Marconi riuscì a trasmettere la lettera "S" oltreoceano, da una località in Cornovaglia a Newfoundland in America, Morgan, contrariato, ritirò l'appoggio finanziario a Tesla.

Io sono giunto a pensare che unendo l'invenzione di Volta e l'invenzione di Tesla, si possa costruire uno Zed in grado di attirare i fulmini, incamerarli e ritrasmettere l'energia per via etere senza l'ausilio di cavi a lampade o oggetti, o anche ad astronavi poste a grande distanza.
Anche Tesla aveva progettato una navicella in grado di ricevere l'energia trasmessa dalla bobina da lui progettata e costruita.
Può sembrare assurdo, ma come ho detto all'inizio del capitolo, si può produrre una grande quantità di energia con una piccolissima quantità di materia.
L'energia di cui parliamo è l'energia prodotta dallo scontro di due piccolissime particelle di cariche elettriche opposte che generano un fulmine.
Per quanto non sia rilevabile la potenza di un fulmine, ho ragione di credere che l'energia sprigionata, possa essere pari o superiore all'energia atomica.
È risaputo che per mandare un qualunque oggetto al di fuori dell'atmosfera terrestre è necessaria la potenza imponente di una reazione atomica e se gli antichi erano riusciti a creare i Vimana per viaggiare nello spazio, dovevano aver per forza scoperto una energia pari o superiore a quella atomica per alimentarli, oppure **erano riusciti a scoprire un certo numero di energie che connesse tra loro avessero la stessa potenza dell'energia atomica.**

Ecco dunque che dopo aver parlato dell'energia dei fulmini, ipotizzo altre tre fonti di energia: l'energia sonica (energia del suono), l'energia magnetica (attrazione e repulsione di corpi) e l'energia del pensiero. (seconda fonte di energia nel suono.

L'ordine in cui ho posizionato le tre energie di supporto, non è casuale, ma sono messe in modo sequenziale per poter spiegare anche la prima: l'energia dei fulmini, o, per meglio dire, della luce.

Il suono ha una frequenza e una velocità di propagazione attraverso lo spazio e per capire questo concetto partiamo da un esempio semplice.

Avevo tre anni e ricordo con simpatia, quando osservavo con interesse la lancetta del fonometro (vu-meter) posizionato sullo stereo dei miei genitori, che oscillava quando c'era la musica. Ero così tanto affascinato dal fonometro che non chiedevo ai miei di accendere lo stereo, ma chiedevo specificatamente di accendere la lancetta che si muoveva e con il ditino ritto atto a riprodurre i movimenti della lancetta chiedevo a mamma o a papà: "Accendi quello che fa così e così?"

Naturalmente il vu-meter dello stereo, misura proprio il volume al quale lo stereo emette il suono; ad ogni singola nota, ad ogni parola, ad ogni strumento, il vu-meter oscillerà registrando il picco di volume.

Il picco di volume, altro non è che l'ampiezza d'onda alla quale viene emessa una nota e l'ampiezza d'onda è una frequenza.

Per meglio capire l'ampiezza d'onda che genera le frequenze, prendiamo fisicamente un vecchio stereo munito di giradischi.

All'accenzione, il vu-meter, resterà su zero; poi quando appoggiamo la puntina che legge le tracce sul disco, il vu-meter oscillerà e dalle casse uscirà un leggerissimo "bump" per poi ritornare a zero; poi ascolteremo il fruscio della puntina che sfrega sul disco, notando che la lancetta si è spostata, se pur lievemente, su 0,0000001 restando su questo valore fino a quando la puntina non incontrerà la traccia audio; infine, quando la canzone comincerà, il vu-meter registrerà ogni singolo picco della canzone.

Ora, con questo esempio semplice e banale, possiamo capire realmente cosa è un picco, una lunghezza d'onda e una frequenza.

Come nell'esempio citato, quando abbiamo poggiato la puntina sul disco il vu-meter ha registrato una singolo picco, fatto da un movimento verso l'alto, dove si è sentito il rumore, ed uno verso il basso dove non si sente nulla e si ritorna allo zero.

Se disegniamo con una matita su un foglio, i due movimenti, verso l'alto e verso il basso, avremmo due linee sovrapposte, ma se mentre disegniamo gli stessi movimenti spostando con una mano il foglio verso la nostra sinistra, avremo una onda.

Lo spostamento che abbiamo fatto con la mano, è la velocità di propagazione del suono, lo spostamento con la matita, dal basso verso l'alto e dall'alto verso il basso è la registrazione dei picchi massimi e minimi di questo evento e il tracciato che ne risulta è l'onda.

Quando la puntina ha cominciato a scorrere sul disco e abbiamo avvertito il fruscio, il vu-meter si è spostato di pochissimo, rimanendo fisso su 0,0000001, ma il risultato di questa registrazione non è una linea, bensì tantissime onde microscopiche e continue da creare una linea.

Tante onde microscopiche e continue creano una frequenza, che altro non è che il prolungarsi nel tempo della stessa identica onda.

Se suonassimo la sessa identica nota per un tempo lunghissimo, avremmo il vu-meter fisso sempre sulla stessa altezza, ma una quantità enorme di onde sonore che viaggiano su quella nota, vibrano creando una frequenza.

Ebbene non è solo il suono ad avere le frequenza, ma anche la luce, anche la forza magnetica ed anche il pensiero.

In prima analisi, anni fa, pensavo ad un ragionamento inverso per produrre energia e una volta lo scrissi anche in un forum.

Fino al 2006 ho pensato che se l'energia accende lo stereo che produce suono, si potrebbe anche fare l'inverso: ovvero che da una fonte sonora si possa creare energia.

Fondamentalmente, il concetto non era completamente errato, anche se quando l'ho esposi in quel forum ebbi diverse critiche, eppure ero convinto che si potessero realizzare diversi motori che usano l'inversione.

Avevo immaginato macchine che potevano essere mosse semplicemente suonando il flauto, con un motore inverso che trasforma la fonte sonora in energia.

Se con l'energia, posso creare il suono, allora dovrebbe essere possibile anche fare viceversa, esattamente come uno più uno fa due, due fa uno più uno.

Avevo però sottovalutato una cosa: l'emissione di suono è sempre una addizione di fattori e in particolare, nello stereo, metto la spina per ricevere corrente, che fa muovere un motore che fa girare un cd, il quale dopo una seria di altri marchingegni produce il suono, quindi: energia elettrica + motore + cd + amplificatore + casse = suono.

Per la formula inversa se uno più due fa tre, per ottenere uno devo togliere il due al tre, quindi, se voglio fare una formula inversa per usare l'energia sonica, dovrei, parlando per assurdo, introdurre il suono nelle casse, farlo rimpicciolire dal rimpicciolizzatore (che sarebbe l'inverso di amplificatore), farlo passare attraverso un cd e un motore e solo così otterrei energia.

Naturalmente sono sicuro che stai ridendo, esattamente come ho riso io quando ho scritto questo pezzo, ma torniamo a fare i seri.

Dopo aver capito che ero fuori strada, sono giunto a capire che non era sfruttando il suono che si poteva creare energia, ma usando le frequenze di luce, suono, magnetismo e pensiero, non c'è nemmeno bisogno di produrla.

Capitolo 11 – Ogni singola cosa ha una frequenza.
Non c'è modo migliore di chiudere questo libro, se non quello di illustrare la mia teoria più grande e sensazionale a cui sono giunto grazie al percorso di ricerca affrontato in questo libro. Una teoria che mi ha lasciato così tanto stupefatto, che ho sospeso per quasi due anni il presente libro e che è così grande che molto probabilmente impiegherò tutta la vita per dimostrarla o addirittura non mi basterà tutta la vita per questo intento.

Se dicessi che stando comodamente disteso sul letto, chiunque può spostare oggetti, case, persino interi palazzi o intere catene montuose, da un capo all'altro del pianeta senza nessuna fatica mi crederesti? E se dicessi che sempre restando disteso sul letto, chiunque potrebbe raggiungere un altro pianeta usando proprio quel letto su cui si è disteso, mi crederesti? E se infine aggiungessi che è possibile trasportare se stessi da un capo all'altro del pianeta o del sistema solare o persino della galassia o dell'universo senza l'ausilio di macchine o motori, mi crederesti?

Molto probabilmente no, eppure tutto ciò è possibile grazie alla teoria alla quale sono giunto, la quale prevede l'uso di precise frequenze illustrate nel capitolo precedente. **Ogni cosa del creato ed ogni cosa creata, ha una sua determinata, unica ed esclusiva frequenza.**

Nel particolare ogni animale, dagli insetti ai mammiferi, dagli protozoi, fino agli elefanti; e ogni pietra della natura, dal granello di sabbia, alle pietre preziose, dai massi fino ad una montagna intera; e ogni vegetale, dal filo d'erba fino alla quercia, dal seme fino alle zucche; e ogni artefatto, dai mattoni fino alle ville, dal cemento fino ad interi palazzi; e ogni pianeta; e ogni sole; e ogni stella; e ogni galassia; e persino ogni singolo essere umano ha una sua particolare ed esclusiva frequenza.

Come abbiamo visto nel capitolo precedente, esistono le frequenze sonore, le frequenze della luce, le frequenze magnetiche e persino le frequenze del pensiero.
Dal 1670 al 1672 Newton studiò la rifrazione della luce dimostrando che un prisma può scomporre la luce bianca in uno spettro di colori e che un corpo giallo non fa altro che riflettere quel determinato colore.
In realtà, la faccenda è molto più complicata.
Quando ho spiegato la teoria dell'energia dei pesi e delle misure che noi ci siamo inventati il metro, il chilo, il litro, per uniformarci e avere un cosiddetto "standard", ma un chilo, per un culturista, sembra essere un grammo, mentre lo stesso chilo, per un anziana signora, le sembrerà una tonnellata.
Quello che il nostro cervello interpreta come giallo, a parte che ad altri animali appare in modo completamente diverso, ma persino in ogni singolo individuo viene interpretato in gradazioni completamente diverse.
Eppure il fiore emette questo segnale o frequenza, in quel momento il fiore sta comunicando con noi e se il fiore cattura completamente la nostra attenzione, significa che noi siamo entrati in contatto non solo con la sua emissione di colore, o per meglio dire delle sue frequenze di luce, ma siamo entrati in contatto anche con le sue frequenze magnetiche, sonore e del pensiero.
Quando noi siamo affascinati da questo fiore al punto da spingerci al raccoglierlo ed osservarlo meravigliati, il fiore sta comunicando con noi trasmettendoci il colore che vediamo e gli altri impulsi in modo del tutto inconscio.
Quel fiore ha fatto di tutto per trasmetterci i suoi segnali al punto di catturare la nostra attenzione e spingerci ad andare da lui.
Ora, chiamatemi pure pazzo, ma sono giunto a pensare che se riuscissimo a far sintonizzare qualcosa sulla frequenza che il fiore ha usato per attirare la nostra attenzione, questa cosa potrebbe spostarsi

istantaneamente accanto al fiore senza sforsi in modo istantaneo.

In pratica: **poiché ogni oggetto ed ogni essere vivente emette un colore (una frequenza di luce), un suono (quindi un frequenza sonora), un magnetismo (una frequenza magnetica) e un pensiero (una frequenza di pensiero); possiamo caricare un secondo oggetto delle stesse identiche frequenze del primo oggetto in modo che possa posizionarsi sopra o accanto al primo in maniera quasi istantanea come una sorta di teletrasporto.**

In pratica se prendiamo due mattoni rossi della stessa grandezza, secondo la mia teoria, anche se avessero lo stesso identico peso, registreremo le quattro frequenze sia nel primo mattone che nel secondo, ma le quattro frequenze saranno di pochissimo ed impercettibilmente differenti tra loro perché uniche ed irripetibili.

A questo punto, se riuscissimo in qualche modo a caricare il secondo mattone delle stesse frequenze del primo mattone, esso "da solo" si posizionerebbe accanto o sopra al primo senza nessuna fatica, anche se fossero distanti l'uno dall'altro chilometri o anche se fossero il primo in un pianeta e il secondo su un altro pianeta e persino se fossero il primo in una galassia e il secondo in un'altra galassia.

Per ottenere questo risultato, **sarebbe necessario un aggeggio o un marchingegno o un qualche cosa che registra le frequenze del primo oggetto e le trasferisce o le carica sul secondo oggetto al quale si vuole far raggiungere il primo.**

Ho chiamato questa teoria **"induzione di frequenza"** e con questa teoria è possibile spostare qualunque cosa senza alcuna fatica.

In pratica l'induzione di frequenza è più o meno come caricare le batterie, solo che invece di caricare batterie, carico oggetti di frequenze che ho già registrato in precedenza.

Quando l'oggetto sarà carico, si sposterà da solo senza avere bisogno di motori, veicoli o forze fisiche e attraverso l'induzione è possibile avere quattro livelli di fenomeni:
   a)   Trasferimento di un oggetto da un posto all'altro
   b)   Costruzione di un palazzo senza l'uso di cemento
   c)   Trasferimento di un veicolo con persone a bordo
   d)   Trasferimento di esseri viventi o persone senza l'ausilio di veicoli.

Ho classificato in questo modo prendendo spunto dalle classificazioni degli incontri ravvicinati con gli alieni, che posso essere di primo, secondo, terzo grado ecc, e anche se quello che dico fa pensare al teletrasporto di Star Trek, sono convinto che tutto questo si possa fare, anche se ci vogliono molti anni per raggiungere il primo di questi livelli e credo che saranno necessari forse secoli per arrivare al quarto livello.

Per trasferire un oggetto da una parte all'altra, come ho già detto precedentemente, bisognerebbe caricare l'oggetto che si vuole spostare, delle stesse frequenze del punto di arrivo o dell'oggetto, sul e/o affianco al quale voglio farlo posizionare o del posto al quale voglio spedirlo.

Se per esempio, voglio trasferire una sedia su marte, non devo far altro che registrare le quattro frequenze di Marte (luce, suono, magnetismo e pensiero) e caricare la sedia delle stesse frequenze.

Naturalmente tutta questa mia teoria ha bisogno di approfondimenti e ricerche, ma posso dire con sicurezza assoluta che se prendessi le frequenze della mattonella centrale della Reggia di Caserta o del Louvre o di una qualunque altra costruzione e poi caricassi un oggetto fatto di un solo elemento unico, tipo un piccolo pezzo di legno, tramite l'induzione di frequenza, potrei vedere questo pezzetto di legno trascinarsi, o lievitare e spostarsi in volo o addirittura smaterializzarsi per poi rimaterializzarsi su quella precisa mattonella.

Nel particolare, se avessi preso le frequenze di una mattonella della reggia di Caserta e avessi caricato un pezzetto di legno di quelle frequenze, tramite l'induzione di frequenza; nel caso in cui il pezzetto di legno si trascinasse, io lo vedrei il muovere come una macchinina telecomandata e i guardiani della reggia penserebbero la sessa cosa vedendo il pezzetto di legno arrivare; se invece lievitasse e si spostasse in volo, i guardiani vedrebbero il pezzettino di legno arrivare quasi come un proiettile e immaginerebbero una sorta di attentato di qualche vandalo; se infine si smaterializzasse, io vedrei il pezzettino di legno sparire nel nulla, ma i guardiani della Reggia e tutti coloro che sono in visita alla stessa, assisterebbero meravigliati all'apparizione di un pezzetto di legno dal nulla.

Io ho pensato che proprio grazie all'induzione di frequenza, gli antichi riuscissero a spostare senza fatica enormi blocchi di pietra come quelli della piramide o di Stonehenge o anche a trasportare gli enormi Moai da una parte all'altra.

Esiste un secondo livello, che rende possibile il fissaggio di un oggetto A ad un oggetto B facendoli diventare un corpo unico quasi fondendoli tra loro al punto che nessuna forza riuscirebbe a dividerli, se non una inversione dell'induzione di frequenza.

Attraverso questa fusione i due oggetti, sarebbero così tanto uniti da divenire un solo blocco che risulterebbero quasi saldati l'uno all'altro e nessuna forza della natura sarebbe in grado di spaccarli o dividerli, nemmeno un terremoto.

Per far questo, bisognerebbe, una volta che i due oggetti sono uno sull'altro, registrare le frequenze dei punti in cui si toccano e sempre tramite l'induzione, caricare entrambe gli oggetti di quella frequenza in modo da fonderli in un unico blocco.

Non sono arrivato ancora a capire del tutto questo livello e nemmeno forse i livelli successivi, ma so che è possibile fare tutti i livelli ed è per questo che la mia ricerca andrà avanti in tal senso per scoprire anche gli altri livelli poiché so che attraverso l'uso dell'induzione della frequenza, gli antichi hanno mosso anche tutta una intera piramide da un posto all'altro del pianeta e dell'universo; **molto probabilmente lo Zed stesso era lo strumento che serviva a ricavare le varie frequenze e trasmetterle, tramite induzione, alla piramide per spostarla.**

Stiamo parlando di oggetti enormi e persone trasportate da un posto all'altro: gli oggetti sono fatti da più di un materiale e gli animali o le persone hanno una quantità enorme di cellule.

Per riuscire ad arrivare a questi livelli ci vuole tempo e tante ricerche per dimostrare che le frequenze da me ipotizzate esistono e che si possa effettuare una induzione di frequenza capace di far spostare ogni cosa.

Tutto ciò che posso fare ora è salutare e ringraziare per avermi seguito in questo viaggio, dando un arrivederci alla prossima avventura.

Sommario